TRATADO DE BIOLOGIA SIMBÓLICA

IVANHOÉ BARACHO

MARTA S. BARACHO

2019

1

ÍNDICE

INTRODUÇÃO

A Biologia tem por objeto as interações superiores, isto é, interações que envolvem conjunto de moldes.

Mas se esse é o problema fundamental da Biologia, então, duas teorias são também fundamentais para essa ciência: a teoria dos moldes e a teoria do processo vital.

Vários elementos do processo vital são moldes. Assim, a natureza desse processo pode ser melhor entendida através do estudo dos moldes biológicos. Esses são os elementos que, devido suas propriedades específicas, representam a fonte de ordem, observada nos processos vitais. É também da atividade desses moldes, dentro desses processos, que os princípios biológicos fundamentais surgem.

A ideia de molde é tão intuitiva como a ideia de informação. Contudo, a ideia de molde é mais apropriada para interpretação dos fenômenos biológicos do que a ideia de informação, que tem se mostrado imprópria, para interpretação desses fenômenos.

Assim, no plano biológico, a teoria dos moldes representa uma alternativa para a teoria da informação.

Mas, nem todos os elementos dos processos vitais são moldes, e o estudo desses elementos é tão importante para a Biologia como o estudo dos moldes. Assim, para entender os fenômenos biológicos, outra teoria é também necessária, isto é, a teoria do processo vital, que é um sistema hipotético-dedutivo que visa estabelecer um esquema teórico para os fenômenos biológicos básicos e procura determinar a natureza, estrutura, relacionamento e transformação do, assim chamado, processo vital.

A teoria identifica vários níveis do processo, os quais podem se relacionar entre si, de tal maneira que os mais simples estão imbricados nos mais complexos.

Mas, os mais simples processos vitais envolvem as, assim chamadas, interações superiores. Portanto a teoria do processo vital lida com as interações que envolvem conjuntos de moldes e procura explicar os problemas biológicos fundamentais.

O que estamos tentando, portanto, é estabelecer as bases de uma nova Biologia. Uma Biologia que tem um objeto claro, uma Biologia que não se limita a ser uma ciência empírica.

Para Felix Mainx, a *Biologia* é uma ciência empírica, e não é mais do que o conjunto das ciências que estudam os seres vivos. Analisando o problema da especulação em Biologia, ele considera que, relacionado a isso, surge a questão da existência de uma *Biologia teórica*, como ciência independente, e tenta mostrar que tal ciência é injustificável. Ressalta que alguns autores, especialmente von Bertalanffy, se declaram, firmemente, em favor de que esse ramo seja tomado em consideração, na organização do ensino e da pesquisa, e procuram chamar a atenção para o caso paralelo da física teórica. Entretanto, não vê nisso uma comparação correta, pois, no caso da física, o domínio de um mecanismo específico de matemática aplicada pressupõe um pendor e um método especial, enquanto, no campo da Biologia, a situação é muito diferente, visto que, até o presente, nenhum mecanismo matemático especial foi necessário para estabelecer um sistema de teorias que, pelo contrário, sempre resultou de um contato persistente com a pesquisa experimental.

Assim, para ele, uma *Biologia teórica* não teria sentido, e significaria um atraso intelectual ou o encorajamento de tendências especulativas, que não poderiam promover o desenvolvimento da ciência. Além do mais, uma Biologia puramente teórica seria inútil, pois, seria incapaz de fazer qualquer afirmação científica, que não pudesse ser feita pelas disciplinas especiais relativas aos seres vivos.

Para esse autor, o conceito de *Biologia geral* não significa nada mais do que uma síntese de simples disciplinas biológicas, e a tentativa de estabelecer um campo especial de pesquisa em Biologia geral, com métodos próprios e característicos, de nenhum modo é justificada.

Contudo, os esforços para estabelecer uma Biologia teórica vêm de longe, e decorrem dos próprios objetivos atribuídos à ciência em geral. Para Rickert, "o ideal supremo das ciências da natureza consiste em estabelecer leis", e foi em busca deste ideal que a Biologia andou. E muitas tentativas foram feitas para atingir aquele "estado abstrato" de que falava Grot, como uma etapa necessária de sua evolução.

Muitos pensaram e pensam diferente de Felix Mainx. E entre esses não há como não destacar Felix Le Dantec, pelo seu fabuloso fracasso e extraordinária persistência. Talvez tenha sido ele quem mais insistiu em estabelecer uma Biologia dedutiva. Este era o seu sonho, como ele próprio confessa no livro *La Science de La Vie*, embora já não tivesse mais, como há vinte anos, a pretensão de convencer seus contemporâneos.

Para Le Dantec, há uma ciência da vida que se chama *Biologia geral*. A palavra Biologia seria suficiente, não fora o abuso. Em face dele, era necessário acrescentar o qualificativo *geral*, para distinguir das ciências puramente descritivas, simples catálogos de fatos observados, a ciência que busca verificar se há qualquer coisa de comum, em todos os fenômenos que ocorrem nos seres vivos.

Segundo ele, ninguém podia negar que, os fatos obtidos em história natural, fossem materiais para servir ao estabelecimento da Biologia. Esses estudos eram interessantes para o biologista, na medida em que fossem úteis para estabelecer leis gerais. Mas, de nenhum modo, a obtenção desses fatos poderia constituir a Biologia.

No seu entender, o papel do biologista seria o de descobrir a lei geral no fato particular. As leis verdadeiramente gerais se aplicavam a tudo. A Biologia geral deveria procurar as leis que se aplicam a todos os seres vivos, e somente a eles. Mas, para descobrir as leis gerais da vida era necessário, antes de tudo, crer que essas leis existiam, em outros termos, acreditar na existência de uma Biologia geral.

No livro *La Stabilité de Ia Vie*, Le Dantec levanta o problema da dedução em Biologia, e considera que, se isso não é possível nas ciências naturais, elas não merecem o nome de ciência, e devem se resignar à modesta denominação de *história,* pela qual já foram estigmatizadas outrora. Colocando a vida entre os fenômenos naturais, passa a admitir que a Biologia não é, senão, um capítulo da física, e que se pode encontrar, tanto em Biologia como em física, princípios gerais, dos quais decorrem, por dedução, necessidades fáceis de prever. Pensa que pode haver uma Biologia dedutiva, como há uma termodinâmica e uma ótica matemática, e que essa Biologia pode ter, nas ciências naturais, o mesmo papel que tem a física matemática entre os físicos.

Eis dois pontos de vista inteiramente opostos, o de Mainx e o de Le Dantec, cada qual atribuindo à Biologia um objeto diferente. Enquanto, para o primeiro, a Biologia era o conjunto das ciências que estudam os seres vivos, para o segundo, a Biologia era a ciência da vida.

Mas, na medida em que a palavra vida vai perdendo a condição de conceito científico, uma ciência da vida já não tem fundamento. O próprio Le Dantec reconhece isso quando escreve:

"A Biologia geral pode, portanto, existir: ela deve existir se a palavra vida tem uma razão de ser. O maior dos fisiologistas, Claude Bernard, enterrou essa ciência antes mesmo que ela nascesse, quando anunciou seu famoso aforismo: a vida é a morte. A forma paradoxal desse aforismo seduziu a multidão; ainda a seduz. Era a negação da Biologia".

A LINGUAGEM DA

CIÊNCIA

Pode-se, facilmente, constatar que a linguagem corrente não basta ao discurso científico. Para atingir enunciados não ambíguos, coerentes entre si, *científicos* por definição, a ciência necessita de fórmulas, de uma linguagem simbólica, que distancia o discurso científico do discurso vulgar.

"A ciência", diz Woodger (1952), "exige grande austeridade e disciplina linguística".

Deve-se entender, como ressalta ele, que essa linguagem além de ser usada para comunicação, para anotar observações e para formulação de hipótese, é usada também para calcular, e, por isso, deve ser de tal modo que possa facilitar a obtenção das consequências das hipóteses formuladas e o teste das mesmas. "Se nos limitamos a uma linguagem natural como o Inglês", diz Woodger (1952), "tais cálculos tornam-se excessivamente difíceis e tediosos, e os discursos longos e complicados".

É por isso que a ciência é forçada a usar uma linguagem que seja, pelo menos em parte, simbólica. É por isso que as ciências mais evoluídas tendem a construir um *formulário*.

Veja-se o caso da física e da química. A física é considerada, por todos, uma ciência bem desenvolvida. A linguagem científica que usa é a matemática, linguagem cujo uso se expandiu a partir de Galileu e Kepler. Para Galileu, a natureza era um livro de Deus, escrito em caracteres matemáticos, e só com o uso da matemática poderíamos decifrá-lo. Para Kepler, a física era a reflexão sobre as ideias divinas da criação, e essas ideias o homem só poderia compreender como constructos matemáticos.

Justificadas ou não por razões místicas, o fato é que as generalizações, em física, assumem espontaneamente a forma matemática. E a razão disso, segundo Poincaré, é que, neste caso o fenômeno observado é devido a um grande número de fenômenos elementares, todos semelhantes entre si. E, para que a intervenção da matemática seja útil, não é suficiente que cada fenômeno elementar obedeça a leis simples, mas é preciso que tudo que tiver de ser combinado obedeça a mesma lei. A física matemática só pôde nascer graças à homogeneidade da matéria estudada pelos físicos. E como nas ciências naturais não se encontram as condições de homogeneidade, independência relativa das partes distanciadas, simplicidade do fato elementar, isso faz com que os naturalistas sejam obrigados a recorrer a outros modos de generalização.

A importância da matemática vai tomar uma outra dimensão em Bachelard. Para ele, a matemática não é uma simples linguagem, um meio de expressão que apenas traduz a realidade fenomenal. É muito mais, desde que abre caminho a investigações racionais diversas e, através da criação de um conjunto de conceitos, organiza a experiência.

"O esforço matemático", diz Bachelard, "é o instrumento da descoberta, a expressão matemática por si só, permite pensar o fenômeno".

Considerando a indução como sinônimo de construção, isto é, como invenção do real científico, Bachelard passa a admitir que o poder de invenção da física decorre de sua matematização e que é a física, pensada matematicamente, que inventa o real.

Pelo que se vê, não é simples a relação da física com a sua linguagem. Menos complexo é, talvez, o caso da linguagem química.

A química é também uma ciência muito desenvolvida, embora não tanto quanto a física, e que tem uma linguagem específica evoluída. Falando dessa linguagem, diz Tokarev: "A linguagem da química não tem um caráter abstrato, como o da matemática, pois, se os símbolos da física matemática representam relações entre coisas, os símbolos da química representam objetos materiais realmente existentes: os átomos. Assim a linguagem da química não se tornou uma disciplina à parte, não se separou de sua ciência, e, basicamente, não tem característica de um jogo com regras definidas".

A linguagem simbólica da química é uma invenção recente, que acompanhou o desenvolvimento da própria química. As equações químicas, diferentemente daquelas da física, não podem ser confundidas com equações matemáticas, pois contêm símbolos que não pertencem ao formulário matemático. Ao contrário, formou-se aí uma linguagem específica que leva a pensar que é na natureza da própria ciência que está a raiz de sua linguagem simbólica. E as possibilidades de um tal simbolismo ficam claras, quando se percebe a importância que a invenção das equações químicas teve, no desenvolvimento da química.

A LINGUAGEM DA QUÍMICA

Quando se analisa o desenvolvimento da linguagem química, é evidente que se deve partir das notações encontradas nos manuscritos de alquimia. Ali, ao lado de símbolos que indicam substâncias, tais como os símbolos dos metais ($\odot$ = ouro. $\male$ = ferro etc.), encontram-se outros, referentes a certas operações ($\supset$ = pulverização) ou a certos instrumentos (Ω = cadinho).

É uma linguagem, que não se afasta da linguagem corrente, na qual é fácil perceber uma intenção mágica e o objetivo, não de descrever fenômenos científicos, mas de transmitir as obscuras mensagens dos alquimistas. Era um embrião de uma linguagem científica, se assim quisermos admitir, pois, na verdade, a primeira tentativa de uma linguagem química só vai aparecer com Lavoisier.

Numa dissertação sobre a dissolução dos metais (Memória da Academia das Ciências, 1782, pg. 49), depois de escolher símbolos para a água (∇), para o ar nitroso (Δ^+), para o princípio oxigênio ($\oplus$) e para o ferro (♂), ele equaciona a reação de oxidação do ferro pelo ácido nítrico diluído:

$$(♂) + \nabla + (\oplus \; + \; \Delta^+)$$

que daria como resultado

$$(♂ \; + \; \oplus) + (\nabla) + (\oplus + \Delta^+)$$

ou acrescentando os coeficientes ponderais

$$(a♂ + \alpha\oplus) + (b\nabla) + (c\oplus \; - \; \alpha\oplus \; + d\Delta^+)$$

Na mesma época, vemos surgir as tentativas de Adet e Hassenfratz, que introduziram fórmulas para os corpos compostos. Assim, tomando para símbolo do hidrogênio Ɔ e para símbolo do oxigênio ⁻, a água era representada pela fórmula Ɔ̄

Posteriormente, surge um novo simbolismo, atrelado à teoria atômica de Dalton. Tendo admitido que os elementos eram formados de átomos e que os átomos de cada elemento eram diferentes, Dalton procurou representar esses átomos por pequenos círculos. E, para distinguir os átomos de cada elemento, pôs marcas dentro desses círculos. Para representar o oxigênio, usou um círculo simples; o hidrogênio foi representado por um círculo com um ponto no centro. E assim por diante, como se vê abaixo:

○	Oxigênio	⊕	Enxôfre	Ⓛ	Chumbo (Lead)
⊙	Hidrogênio	Ⓢ	Prata (Silver)	Ⓩ	Zinco
①	Azoto	●	Carbono	Ⓨ	Fósforo

Os compostos foram representados pela justaposição dos símbolos dos elementos:

⊙○	Água	①○	Gás nitroso
⊙●	Gás oleificante	●○	Óxido de carbono

E mesmo os corpos de estruturas mais complexas foram representados por essa justaposição de símbolos, como se vê no exemplo que segue:

ácido carbônico .... ⊂●⊃

amônia ....

álcool ....

éter ....

     É, entretanto, com Berzelius que os princípios fundamentais da linguagem da química começam a se estabelecer.

     Berzelius rompendo com o simbolismo dos antigos, abandona as figuras, e propõe que se designe cada elemento químico pela inicial maiúscula dos nomes latinos ou latinizados (se necessário com mais uma outra letra minúscula desse nome). Cada símbolo, correspondendo a um átomo, representava um peso definido da matéria simples, seu peso atômico. Pela justaposição destes símbolos, obtinha-se a fórmula dos compostos químicos, e a massa atômica dos seus elementos poderia fornecer informações precisas sobre sua própria combinação.

Ao falar dessa notação, em seu *Essai sur la theorie des proportions chimiques,* (1819), Berzelius escreve:

"Devo, entretanto, observar que estes novos símbolos não são criados com vista a serem colocados, como os velhos, em vidraria de laboratório, mas que têm por objetivo facilitar a expressão das proporções químicas, e de nos colocar em condições de enunciar, de modo breve e com facilidade, o número de elementares que se acham em um composto. Quando tivermos determinado o peso relativo dos átomos dos corpos poderemos, por meio desses símbolos, exprimir o resultado de cada análise, de uma maneira, ao mesmo tempo, simples e fácil de reter".

Apesar de se fundamentar em princípios tão simples, esse sistema de notação não foi implantado com facilidade. Vinte e quatro anos depois de ter sido proposto, ainda enfrentava a oposição do próprio Dalton que, em uma carta a Thomas Graham, em 1837, escrevia:

"Os símbolos de Berzelius são aterrorizantes, um jovem estudante de química levaria tanto tempo para saber utilizá-los, como para aprender hebraico. Eles parecem um caos".

Essa notação que para Dumas (1836) era, ao mesmo tempo, de uma exatidão e de uma precisão preciosa, a Dalton parecia "deixar perplexos os adeptos da ciência, desencorajar os alunos, tanto quanto nublar a beleza e simplicidade da teoria atômica".

Mas a notação, apesar de tudo, conseguiu permanecer. A ideia de valência e o nascimento da teoria das ligações atômicas levaram à utilização de todas as possibilidades deste simbolismo, que culminou na concretização de uma linguagem científica, tão fecunda e tão importante, que se tornou imprescindível ao desenvolvimento da química.

A LINGUAGEM DA BIOLOGIA

As tentativas para estabelecer uma linguagem simbólica para a Biologia foram poucas, e não tiveram êxito até o momento.

O descrédito em que caiu a Biologia teórica, reduzida, por muitos, a uma para-Biologia, contribuiu demais para isso. Mas, a razão fundamental talvez possa ser encontrada nas dificuldades relativas ao conceito de vida, que terminou por reduzi-lo a um conceito não científico. Isso fez com que a Biologia, perdendo seu objeto central, perdesse também a necessidade e, talvez, a possibilidade de uma linguagem de tal tipo.

Foi, talvez, essa incapacidade de passar para um objetivo maior, que reteve a Biologia, como ciência empírica e descritiva. Mas há quem veja possibilidades de mudança.

"A Biologia", diz Tokarev, *"parece estar agora em um período de transição, que conduz a uma*

ciência precisa. Diferindo da química, a Biologia, desde longa data, desde tempos remotos, é uma ciência descritiva. A muitos até parecia que era essa a natureza da Biologia, e que, para sempre, ela permaneceria descritiva. Por isso, os novos métodos quantitativos da genética não foram aceitos sem oposição. Os primeiros sintomas da transformação da Biologia, em ciência precisa, apareceu em 1866, no estudo genial de Mendel, no qual ele, pela primeira vez, encontrou as grandezas certas para medir, e deu as primeiras indicações sobre os caracteres discretos da herança. Justamente a genética é o caminho para tornar precisa a Biologia, e informações sobre quantidade de cromossomos e mapas de suas estruturas são o germe da linguagem biológica que surge. Esses mapas apresentam relações entre diversos genes e suas partes, e, de acordo com essa característica, a linguagem biológica deve ser um pouco semelhante à matemática. Assim, a análise biológica não é a análise química da composição dos seres vivos, mas o estudo da estrutura dos cromossomos".

Le Dantec, no seu esforço para implantar uma Biologia teórica, foi levado a estabelecer também os rudimentos de uma linguagem simbólica, específica para a Biologia. Essa linguagem, que não se revelou operativa e nem obteve qualquer sucesso, visava estruturar dois fenômenos que, para o autor, seriam fenômenos fundamentais da vida. Um era a assimilação, o outro era a função, entendida como luta entre o ser vivo e o meio. Para ele, tudo que havia de verdadeiramente geral, em Biologia, poderia ser deduzido da propriedade de assimilação. Na introdução do livro *Évolution Individuelle et Hérédité*, diz ele:

"Estou convencido, por estudos anteriores, da impossibilidade de encontrar entre os corpos vivos (ou plastídios) e os corpos brutos, uma outra diferença que não seja a presença ou ausência da propriedade de assimilação. Esta propriedade deve ser, então, a base de todo estudo biológico".

E foi com essa convicção que ele estabeleceu o que chamou "equação química da vida elementar manifestada"

$$a + Q = \lambda a + R$$

Nesta equação, também chamada por ele de equação de assimilação, a indicava a substância plástica, que aumentaria sem sofrer variação; Q era o fator ambiental; λ era um coeficiente superior à unidade e R um termo para indicar substâncias diversas, variáveis conforme a natureza de Q.

É a partir dessa equação fundamental que se vai explicar os fenômenos biológicos básicos, complicando-se as equações pelo uso de índices, na medida em que se tenta equacionar a sucessão das substâncias plásticas, nos diversos momentos do desenvolvimento dos corpos vivos.

Era uma equação intuitiva e que descrevia, de um modo claro, o que aparentemente acontecia com um grupo de substâncias, capazes de autorreprodução, e que poderiam ser chamadas de vivas. Mas a base revelou-se falsa, na medida em que uma substância viva não foi encontrada, e em que se verificou que só se pode reproduzir uma molécula separando-se duas cadeias complementares.

Anos depois, essa equação vai ser utilizada por Dobzhansky (1950) para representar a *autorreprodução* dos genes. Para ele, a *autorreprodução* era o atributo mais básico da vida, e o processo de *autorreprodução* era a essência da herança. As unidades de *autorreprodução* eram moléculas ou grupo de moléculas denominadas genes. Pensando assim, ele vai representar a *autorreprodução* dos genes pela mesma equação de assimilação de Le Dantec,

$$A + B = 2 A + C.$$

A representa o gene, B, os materiais dos quais são sintetizadas as réplicas dos genes, e C, os fatores secundários formados no processo.

Da ideia de *assimilação*, Le Dantec passa a ideia de *função*, que requer um outro equacionamento. Já não se procura representar a permanência de algo, corpo ou substância que seja. É a mudança que está em jogo. O que se procura representar é uma sucessão de estados, pelos quais passa o ser vivo, pois, no seu dizer, "o ser vivo tem um estado bem determinado, e um só, a cada momento de existência".

A *função* que, no seu entender, era a atividade de um organismo, em um momento dado, podia ser representada pela fórmula simbólica:

$$A \times B$$

Estava aí estabelecida a luta entre dois fatores. Um, o fator B, que era o conjunto de circunstâncias ambientais, o outro, o fator A, o estado estrutural do indivíduo, em um momento dado. E como B intervém, a cada instante, para modificar A, é a série de fatores B que vai determinar o desenvolvimento A_1, A_2, A_3...etc. A vida, em sua totalidade, passa a ser uma sucessão de funções, cada uma correspondendo a uma fórmula

$$A_1 \times B_1$$

$$A_2 \times B_2$$

etc.

Esta fórmula vai depois aparecer em uma equação mais completa:

$$A_1 + (A_1 \times B_1) = A_2$$

$$A_2 + (A_2 \times B_2) = A_3$$

$$A_{n-1} + (A_{n-1} \times B_{n-1}) = A_n$$

Cada uma dessas equações sucessivas representava uma função em um tempo dado, e o resultado total era a *evolução* do indivíduo, do tempo t_1 a t_n, em outras palavras, a passagem de um estado A_1 a um estado A_n.

Do mesmo modo que a equação de assimilação, essas fórmulas da função não contribuíram, em nada, para o desenvolvimento de uma Biologia teórica. Na verdade, faltou a Le Dantec a base para o estabelecimento de uma verdadeira teoria, com axiomas, definições e teoremas, onde a linguagem simbólica, certamente, teria de assumir uma importância fundamental. Os teoremas de Le Dantec não são verdadeiros teoremas, e ele procurava justificá-los por meio de fatos observados ou experimentais. No fundo, sua Biologia teórica não passava de generalizações vagas, e, por vezes, inconsistentes, e nunca atingiu uma etapa verdadeira de deduções lógicas.

Le Dantec, contudo, foi um marco importante, pois, deixando de lado o simbolismo da genética, que Tokarev considera o germe de uma linguagem biológica, só vamos encontrar, digno de menção, o simbolismo de Woodger (1952), na sua tentativa de axiomatização da Biologia. Para Woodger (1952), suas equações, tais como as da química, não eram equações matemáticas, mas biológicas. Seu simbolismo está longe de ser atraente ou fácil, e sua tentativa de axiomatização da Biologia é considerada prematura. Apesar disso, abriu caminho a outras tentativas, como a de William (1970) na Evolução e Rizzotti e Zanardo na Genética (1986).

Aí está, em uma breve exposição, a análise das principais tentativas para introduzir uma linguagem simbólica na Biologia. Esse é, certamente, um problema fundamental que a Biologia tende a enfrentar.

TEORIAS BIOLÓGICAS

FUNDAMENTAIS

Embora a ideia de molde tenha penetrado na Biologia há bastante tempo, ela terminou ofuscada pela ideia de informação, hoje predominante. E uma teoria dos moldes, como alternativa à teoria da informação, em Biologia, só apareceu há pouco tempo e é uma síntese dessa teoria dos moldes que será apresentada a seguir.

TEORIA DOS MOLDES BIOLÓGICOS

Há, nos seres vivos, grupos de substâncias que apresentam elementos ligados em uma sequência linear. Essas substâncias, assim constituídas, formam uma cadeia cujos elos são os elementos que as constituem. Essas cadeias simples podem ter elos iguais ou diferentes.

Existem ainda, nos seres vivos, outro tipo de cadeia que é mais complexa e apresenta, em cada elo, um ponto de ligação com elementos específicos. Essa cadeia é chamada de *cadeia de captação* e o elemento específico por ela captado é denominado de *Kaptero* (plural kapteroj). E o ponto de ligação, que existe em cada elo, é chamado de *Kaptilo* (plural kaptiloj).

São as cadeias de captação que constituem os moldes biológicos. Isso ocorre quando os elementos retidos nos kaptiloj se ligam entre si, linearmente, para formar uma outra cadeia.

Chama-se, então, molde a cadeia que serve de modelo para formação de outra cadeia. As palavras kaptilo e kaptero vêm do Esperanto. Kaptilo significa instrumento de captação e kaptero significa unidade de captação. O plural dessas palavras se faz acrescentando um **j**, que soa como um **i** breve.

Se os kaptiloj são complexos e podem ser identificados como arranjos de **n** elementos, esses arranjos são chamados de códons.

Os tipos de moldes biológicos

Os moldes biológicos podem ser de três tipos que são: moldes replicativos, moldes transitivos e moldes traduzíveis.

Há replicação quando a nova cadeia formada tem elos iguais aos elos do molde, e os kaptiloj permanecem na nova cadeia que foi formada.

Quando o molde serve de modelo para a formação de uma nova cadeia, que tem elos diferentes dos elos dos moldes, tem-se:

a) Transcrição – se a cadeia formada a partir do molde for uma cadeia de captação.

b) Tradução – se a cadeia formada for uma cadeia simples.

O decaimento dos moldes

Os moldes biológicos podem passar de um tipo a outro, como ocorre com os moldes replicativos que dependendo das condições dos sistemas, em que se encontram, podem apresentar o fenômeno de replicação ou de transcrição.

O molde replicativo pode, então, dependendo das condições do sistema em que se encontra, originar um molde transcritível. Quando esse molde transcritível modela um molde traduzível, que por sua vez dá origem a uma cadeia simples, temos um processo chamado de *decaimento* do molde.

O *decaimento* é, pois, o processo pelo qual um molde replicativo origina um molde transitivo que, por sua vez, modela um molde traduzível, o qual dá origem a uma cadeia simples.

O decaimento é um fenômeno por demais importante, pois os moldes biológicos fundamentais agem por decaimento, como é o caso dos genes que atuam dessa maneira. O gene pode ser considerado como um molde que é base de um processo de decaimento, e a importância maior desse fenômeno reside no fato de permitir que o molde possa unir a continuidade e a ação. É evidente que se o molde não for replicativo sua ação, por mais importante que seja, não terá continuidade. Mas, por outro lado, se o molde for apenas replicativo sua ação fica extremamente limitada. É o decaimento, portanto, que une a continuidade e a ação. Através dele o molde replicativo pode ter uma ação ampla no processo vital e continuar participando de novos processos que vão surgindo por meio da replicação.

Propriedades das cadeias de captação.

As cadeias de captação têm várias propriedades interessantes, das quais podemos destacar as seguintes:

1 - As cadeias de captação contidas em um sistema tendem a diminuir a desordem que depende de kapteroj livres.

2 - Um conjunto de moldes, formadores de moldes, tende a aumentar, constantemente, na medida em que haja kapteroj disponíveis.

Princípios biológicos fundamentais

Nos processos biológicos dois princípios fundamentais devem ser considerados:

1° Princípio:

O processo vital necessita não criar moldes. Deve apenas reproduzi-lo.

Se o processo vital permitisse a criação de moldes, não haveria controle da formação de substância e consequentemente nenhuma estabilidade. A continuidade do processo seria prejudicada e a seleção natural uma coisa inútil.

2° Principio:

Os moldes biológicos fundamentais atuam por decaimento.

A ação de um molde aumenta com o decaimento. É através desse processo que o molde pode combinar a continuidade e a ação.

Teoria do Processo Vital

A teoria do processo vital visa estudar, através de uma linguagem especifica e simbólica, certos tipos de fenômenos que ocorrem exclusivamente nos seres vivos.

É evidente que qualquer fenômeno que se realiza exclusivamente nos seres vivos e que possa ser caracterizado e isolado, deve ser um objeto de estudo da Biologia.

A teoria do processo vital é, portanto, uma teoria biológica, pois refere-se a fenômenos que se realizam em um nível específico, diferente do nível químico e do nível físico.

Os fenômenos que se realizam em um nível biológico podem envolver fenômenos que ocorrem em um nível químico ou um nível físico. Mas esses fenômenos não podem ser bem compreendidos se o nível biológico for deixado de lado. Daí a necessidade de estudos biológicos na análise desses fenômenos. A teoria do processo vital é um passo nessa direção. Essa teoria se apoia no estudo dos conjuntos, dos moldes e das interações, e usa um simbolismo que difere do simbolismo da matemática e do simbolismo da química.

O processo biológico básico

O processo biológico básico é chamado de processo vital de primeira ordem. É um processo que ocorre na célula viva e podemos dizer que é um processo simples, pois implica na interação de apenas dois elementos. No entanto, esses elementos são conjuntos complexos, chamados *bion* e *trofon*, e com características específicas. *Bion* é o conjunto de elementos *autorreprodutivos* da célula, e *trofon é* o conjunto de elementos que interagem com o *bion* e são originados do próprio *bion*. Considerando a teoria dos moldes biológicos (Baracho, 1997, 2000, 2012), pode-se dizer que *bion* é o conjunto formado pelos moldes replicáveis do processo, e *trofon* é o conjunto dos elementos formados a partir desses moldes pelo decaimento, e que podem interagir com o *bion*.

A interação do *bion* com o *trofon* resulta na formação de um novo conjunto. Os processos vivos de primeira ordem, considerando a formação de um novo conjunto, são classificados como processos conservativos e processos reprodutivos. O processo reprodutivo é caracterizado pela produção de *bions* e o processo conservativo pela produção de *trofons*. Como há dois tipos de *trofon*, o processo conservativo pode ser classificado em ordinário e especial.

Fórmulas

Os processos de primeira ordem podem ser representados pelas fórmulas a seguir. O significado dos símbolos utilizados está na Tabela 1 e na Tabela 2.

a) - *Fórmula do processo conservativo ordinário*

$$[H * \Theta] \rightarrow \Theta \qquad (1a)$$

Esta fórmula indica que o *bion* (H) interage (*) com o *trofon* (Θ) no processo ([ ]), que produz ($\rightarrow$) *trofon* (Θ).

b) - *Fórmula do processo conservador especial*

$$[H * \Theta]^S \rightarrow \Phi \qquad (2a)$$

Esta fórmula indica que um processo especial ([ ]^S) de interação, entre *bion* e *trofon*, produz o *trofon* do processo reprodutivo (Φ).

c) - *Fórmula do processo reprodutivo*

$$[H * \Phi] \rightarrow H \qquad (3a)$$

Esta fórmula indica que a interação do *bion* (H) com o *trofon* do processo reprodutivo (Φ) produz *bion*.

Então, pode-se distinguir três tipos de elementos:

a) Elementos do conjunto **H**, que são *autorreprodutivos*, consistindo dos moldes *replicativos* dos processos.

b) Elementos do conjunto **Θ**, que são formados pelo decaimento dos moldes. Esses elementos, ao interagirem com o **H**, formam o processo conservativo, i.e., um processo que produz *trofon*.

c) Elementos do conjunto **Φ**, que também são formados pelo decaimento dos moldes, mas que, ao interagir com **H,** formam o processo reprodutivo, i.e., um processo que produz *bion*.

O processo conservativo de primeira ordem, portanto, consiste na interação de um *bion* com um *trofon* dando, como resultado, um novo *trofon*. Mas nem todos os elementos do *bion* agem durante todo o tempo. Durante o tempo de realização do processo, o número e o tipo de elementos ativos do *bion* mudam. Esses elementos são os genes, e eles são ativos quando ocorrem o decaimento.

O conjunto de genes em atividade, durante uma determinada fase do processo constitui a *amplitude* do processo vital, e o produto formado a partir da atividade desses genes constitui o *domínio*.

Considerando a amplitude e o domínio, a fórmula do processo conservativo de primeira ordem é

$$[H * \Theta]^{a} \rightarrow \Theta_{a} \qquad (4a)$$

Esta fórmula indica que a interação do *bion* com o *trofon* na *amplitude* **a** produz um *trofon* de domínio **a**.

A *amplitude* e o *domínio* caracterizam as fases dos processos.

Cada amplitude caracteriza uma fase do processo e, como o processo tem uma variedade de fases, é necessário supor que toda mudança de fase ocorre por uma causa específica. Esta causa é chamada *sinergon* (☼). Então, se considerarmos um processo de *amplitude* **a** e se um *sinergon* agir sobre ele para mudar a *amplitude*, temos a seguinte equação:

$$[H * \Theta]^{a} * ☼ \rightarrow [H * \Theta]^{b} \qquad (5a)$$

Considera-se que a mudança de *amplitude* e, consequentemente, de domínio, requer a ação de um conjunto chamado *sinergon*. Pode-se, então, definir *sinergon* como um conjunto de elementos que determina um tipo específico de mudança quando agem no processo.

Consideramos que se o *sinergon* estiver ausente, ou seja, se houver falta de um conjunto transformador, o trofon resultante apresenta a mesma ação do *trofon* que atua.

Processos conservativos de segunda ordem

Os processos conservativos de primeira ordem formam os processos conservativos de segunda ordem. Esses processos consistem na interação do *bion* de segunda ordem (Π) com o *trofon* de segunda ordem ($\oplus$), no ponto **i**, que é chamado de ponto de interação.

Essa interação transforma ora o *bion* de segunda ordem, ora o *trofon* de segunda ordem. Essas transformações são chamadas momento de expansão do *bion* e momento de expansão do *trofon*. Assim, considera-se que o ponto de interação tem dois momentos.

Esses momentos consistem na transformação da *amplitude* em Π ou na transformação de *domínio* em $\oplus$.

A expansão continua se uma transformação em Π provoca uma transformação em $\oplus$, e vice-versa.

Podemos representar os processos conservativos de segunda ordem pelas fórmulas:

$$vP_2 = [\; \Pi \; * \; \oplus \;]^i \qquad (6a),$$

$$[\; \Pi \; * \; \oplus \;]^i \rightarrow E_\Pi \; \Lambda \; E_\oplus \qquad (7a),$$

onde

$$\Pi = \{[\; H \; * \; \Theta \;]^x \rightarrow \Theta_z \}_{t\,0}^{t} \qquad (8a),$$

$$\oplus = \{[\; \Theta \; * \; \nabla \;]_z \rightarrow \Delta_z \}_{t\,0}^{t} \qquad (9a).$$

Vamos explicar estas fórmulas:

Fórmula (6a) - O processo de segunda ordem (vP_2) é igual à interação (*) do _bion_ de segunda ordem (Π) com o _trofon_ de segunda ordem ($\oplus$), no ponto de interação **i**.

Fórmula (7a) - O processo de interação entre b*ion* Π e o _trofon_ $\oplus$ no ponto **i**, produz uma expansão de Π, e uma expansão de $\oplus$.

Fórmula (8a) - O bion de segunda ordem é igual a uma sequência de interação ($\{\;\}$), em que um _bion_ de primeira ordem (H) interage com um _trofon_ de primeira ordem (Θ), em cada _amplitude_ (x) e produz

44

um correspondente *trofon* (Θ) em cada *amplitude*. O processo ocorre durante o intervalo t_0 e **t**.

Fórmula (9a) - O *trofon* de segunda ordem é igual a uma sequência de interação entre o *trofon* de primeira ordem (Θ) e o resíduo primário (∇), em cada domínio (z), e produz um resíduo secundário (Δ_z), em cada domínio. O processo ocorre durante o intervalo t_0 e **t**.

O resíduo primário (∇) é o conjunto de elementos originados do ambiente. O resíduo secundário (Δ) é a parte diferente de Θ, no conjunto de elementos que resultam da interação $[\Theta * \nabla]z$, em cada ponto de interação. Ao interagir com Π esta parte pode atuar como um *sinergon*, i.e., como um conjunto transformador.

Com base nas considerações acima, podemos dizer que o *bion* de segunda ordem é uma sequência de processos de primeira ordem, em que cada fase é caracterizada pela atividade de um conjunto de genes, i.e., pelo que é chamado de *amplitude*. Quando há uma mudança de fase, diz-se que ocorreu uma expansão do *bion*.

Da mesma forma, o *trofon* de segunda ordem envolve interações consecutivas de diferentes *trofons* de primeira ordem com elementos do ambiente. Neste caso, cada fase é caracterizada pelo *domínio* do *trofon* de primeira ordem que atua. Cada mudança de *domínio* implica uma mudança de fase, ou seja, a expansão do *trofon* de segunda ordem.

Teoremas referentes a processos de segunda ordem.

Na análise dos processos de segunda ordem devemos considerar os axiomas e definições que seguem:

<u>Axiomas</u>

A_1 – Se **A** é a interação de **a** com **b**, e **B** é a interação de **a** com **b**, então o resultado de **A** é igual ao resultado de **B**.

A_2 - Se **A** é a interação de **a** com **b**, e **B** é a interação de **a** com **c**, ou de **c** com **d**, então o resultado de **A** pode ser igual ou diferente do resultado de **B**.

<u>Definições</u>

D_1- Dois processos são iguais quando têm *bions* e *trofons* de primeira ordem idênticos e *Crêodos* idênticos.

D₂ – Dois processos são equivalentes quando têm *Crêodos* idênticos, mais diferentes trofons de 1ª ordem.

D₃ – *Crêodos* é a sequência de amplitudes que ocorrem no *bion* de segunda ordem. São os diferentes conjuntos x na fórmula (7a).

D₄– *Crêodos* idênticos são aqueles que apresentam as mesmas amplitudes na mesma ordem.

Teoremas

Apenas dois teoremas são demostrados aqui e estão relacionados à igualdade e equivalência dos processos.

T₁ - *Dois processos, que são iguais no meio M_1, são também iguais no meio M_2.*

Prova

Seja o processo P_a e o processo P_b, que são iguais no meio M_1. P_a contém H_1 e Θ_1 e P_b contém H_2 e Θ_2.
Se $P_a = P_b$, então, $H_1 = H_2$ e $\Theta_1 = \Theta_2$.
O meio M_1 fornece o resíduo ∇_1 e o meio M_2 fornece resíduo ∇_2. Se o processo muda de meio, as

interações do processo também mudam. Considerando P_a, nós podemos ter:

$$[\Theta_1 * \nabla_1] \text{ e } [\Theta_1 * \nabla_2].$$

Como $\Theta_1 = \Theta_2$, P_b tem a mesma mudança e nós temos

$$[\Theta_1 * \nabla_2] = [\Theta_2 * \nabla_2].$$

Essas interações participam da mudança de amplitude e consequentemente na formação de *Crêodos*. Então, considerando o axioma A_1, P_a continua igual a P_b, no meio M_2.

O seguinte corolário resulta deste teorema:

C_1 - Considere o processo P_a igual ao processo P_b. Se P_a no meio M_1 difere do P_b no meio M_2, então o meio M_1 é diferente do meio M_2.

T_2 - *Dois processos, que são equivalentes no meio M_1, podem não ser equivalentes no meio M_2.*

Prova

P_a contém H_1 e Θ_1, enquanto P_b contém H_2 e Θ_2. Se

$P_a \cong P_b$ então $\Theta_1 \neq \Theta_2$.

O meio M_1 fornece resíduos ∇_1 e o meio M_2 fornece resíduos ∇_2.

No meio M_1 nós temos $P_a \cong P_b$, mas desde $\Theta_1 \neq \Theta_2$, no meio M_2 o resultado de $[\Theta_1 * \nabla_2]$ pode ser igual ou diferente do resultado de $[\Theta_2 * \nabla_2]$ em vista do axioma A_2.

Essas interações participam da mudança de amplitude e consequentemente da mudança de *Crêodos*, e, portanto, P_a e P_b podem não ser equivalentes no meio M_2.

Processos reprodutivos

Além dos processos que produzem *trofons*, as células contêm processos que produzem *bions*. Esses processos são chamados de *processos reprodutivos*.

Os processos reprodutivos de primeira ordem produzem dois *bions* de primeira ordem (H), e os processos reprodutivos de segunda ordem produzem dois *bions* de segunda ordem (Π).

Interpretamos estes processos da seguinte forma:

Na última etapa do processo conservativo, forma-se um *trofon* especial, que é o *trofon* do processo reprodutivo de primeira ordem (Φ).

$$[H * \Theta] \rightarrow \Phi \qquad (10a)$$

Este *trofon* interage com o *bion* (H) e produz H por replicação

$$[H * \Phi] \rightarrow H \qquad (11a)$$

H consiste de moldes replicáveis que apresentam duas cadeias conectada. Quando esses moldes replicam seu número duplica. Todavia, na fórmula (11a) apenas o tipo de elementos formados é indicado. A quantidade não é indicada.

Os processos conservativos de segunda ordem preparam os processos reprodutivos e isso ocorre em três etapas. O *protômero* (□) é formado no primeiro estágio, i.e., é formado um *trofon* equivalente ao *trofon* que o originou. Depois o *mesômero* do primeiro grau (①) é formado e, finalmente, ocorre um processo especial em que o *trofon* (Φ) do processo reprodutivo é formado.

Quando o *trofon* Φ é formado, interage com H para produzir H e também interage com o *mesômero* de primeiro grau (①) para produzir o *mesômero* de segundo grau (②) então, este *mesômero* interage com H para formar o iniciador complexo (©)

$$[H * ②] \rightarrow © \qquad (12a)$$

O complexo iniciador vai para o local da célula ocupado pelo *protômero* e, interagindo com ele, pode produzir um *bion* de segunda ordem semelhante ao processo conservativo do qual é originado.

$$[© * \square] \rightarrow [H * \Theta] \qquad (13a)$$

Ninguém pode duvidar da existência do *trofon* do processo reprodutivo. Sabe-se que a célula forma enzimas que atuam na replicação do DNA celular.

A existência do *mesômero* pode ser facilmente justificada pela observação da formação de proteínas que atuam nos cromossomos e na divisão celular.

Por sua vez, o *protômero* é uma necessidade lógica para explicar a formação de células semelhantes. Se considerarmos que **H** é o mesmo durante o processo conservativo, mas **Θ** muda e determina quais genes devem ser ativados; se os genes ativos na última fase do processo não são os mesmos que estavam ativos no começo; se o processo para ser semelhante deve ter **Θ** equivalente ao inicial; devemos considerar que ou esse **Θ** já existe na célula em um lugar que o conserva, ou que ele deve ser formada novamente em algum lugar da célula.

Como o iniciador complexo contém elementos que são formados durante a última fase do processo conservativo, este iniciador complexo não pode, por si mesmo, ser o Θ inicial ou contê-lo. Portanto, é necessário que os elementos, formados em outra fase do processo, persistam em qualquer local da célula e interajam com o iniciador complexo para formar a inicial Θ, produzindo novamente o processo [H * Θ], na forma que tinha anteriormente.

Medição dos processos

Na teoria dos conjuntos, a família de todos os subconjuntos de qualquer conjunto **B**, constitui aquilo que é chamado de conjunto potência de **B**, representado por 2^B. Então, se tivermos

B = {a, b}, temos 2^B = {{a, b}, {a}, {b}, $\varnothing$}.

Se o conjunto **B** é finito, isto é, se tem **n** elementos, podemos demonstrar que o conjunto potência **B** possui 2^n elementos.

Genes, que podem ser ativados, em um processo conservativo de segunda ordem, formam um conjunto potência **B**. Assim, se o número de elementos desse conjunto é conhecido, é fácil determinar o número de subconjuntos que podem ser formados, ou seja, o número de elementos que existem no conjunto potência.

Se houver S genes capazes de atividade em um processo vital, 2^S subconjuntos podem ser formados. Cada subconjunto é uma amplitude do processo que pode ter 2^S amplitudes possíveis.

O número de *amplitudes* possíveis do processo constitui o potencial de *amplitude* (pA).

Portanto

$$pA = 2^S$$

sendo **S** o número de genes capazes de atividade.

No processo vital, no entanto, o número de *amplitudes* formadas é sempre menor do que **pA**. Este número de *amplitudes* efetivamente formadas constitui o potencial de atividade (**pA'**).

$$pA' \leq pA$$

O potencial de atividade nos permite estabelecer um valor que chamamos de equivalência gênica do processo (Š).

Como $pA = 2^S$ temos

$$\log pA = S \log 2$$

$$S = \log pA / \log 2$$

Se substituirmos **pA** por **pA'**, temos a equivalência gênica **Š**

$$Š = \log pA' / \log 2$$

Podemos também estabelecer uma relação entre o *potencial de amplitude* e o *potencial de atividade*.

O logaritmo, na base **2**, dessa relação constitui a *entaksia* (Є) do processo vital. Temos então

$$Є = \log_2 (pA / pA')$$

Mas como $\log_2 pA = S$ e $\log_2 pA' = Š$, a *entaksia* é igual à diferença entre o número de genes envolvidos no processo e a equivalência gênica

$$Є = S - Š$$

A *entaksia* varia de **0** a **S**, e é menor no início do processo, crescendo ao mesmo tempo que o processo se desenvolve, até atingir o valor máximo **S**. Então o processo conservativo ou é transformado em um processo reprodutivo ou perde a condição de processo vital.

Em relação aos potenciais, à equivalência gênica e à *entaksia*, podemos destacar o seguinte teorema:

T₃ - *Os processos que possuem potenciais de atividade diferentes, diferem, pelo menos, em uma amplitude.*

Prova

Seja pA_1' o potencial de atividade do processo P_1, e pA_2' o potencial de atividade do processo P_2. Potencial de atividade é o número de amplitudes do processo. E se pA_1'$\neq pA_2$' o número de amplitude de P_1 é diferente do número de amplitude de P_2. Então $P_1 \neq P_2$. porque esses processos não possuem *Crêodos* idênticos.

T₄ – *Processos que possuem equivalência gênica diferentes são diferentes.*

Prova

Seja $\check{S}_1$ a equivalência gênica do processo P_1 e $\check{S}_2$ a equivalência gênica do processo P_2. Se $\check{S}_1 \neq \check{S}_2$ temos

$$\check{S}_1 \log 2 \neq \check{S}_2 \log 2$$

onde

$\check{S}_1 \log 2 = \log pA_1'$ e $\check{S}_2 \log 2 = \log pA_2'$
E temos $pA_1' \neq pA_2'$.

Os processos têm diferentes potenciais de atividade e são diferentes de acordo com o teorema já demonstrado.

Tabela 1
Símbolos e seus significados

H – Bion do processo de 1ª ordem.
θ – Trofon do processo conservativo de 1ª ordem.
Φ – Trofon do processo reprodutivo.
Π – Bion do processo de 2ª ordem
⊕ – Trofon do processo de 2ª ordem.
∇ – Resíduo primário.
Δ – Resíduo secundário.
[ ] – Processos.
{ } – Sequência de interações.
* – Interações.
*} – Não interage.
→ – Produz.
E_Π – Expansão de Π.
$E_\oplus$ – Expansão de ⊕.
Λ – E.
/ – Tal que.
∈ – Pertence a.
∉ – Não pertence a.

Tabela 2
Símbolos e seus significados

⇨ – Implica que.

⇒ – Da origem a.

⇐ – É originado em.

∪ – União.

∩ – Interseção.

⊃ – Contém.

⊂ – Está contido.

⊄ – Não está contido.

⊅ – Não contém

≅ – Equivalente a.

≅| – Não equivalente.

≠ – Diferente de.

≈ – Semelhante.

– Dessemelhante.

① – Mesômero primário.

② – Mesômero secundário.

□ – Protômero.

© – Iniciador complexo.

☼ – Sinergon modificador de amplitude.

APLICAÇÃO
DAS TEORIAS

O QUE É VIDA?

Os corpos que existem em nosso planeta podem ser divididos em dois grupos: *corpos brutos* e *seres vivos*. Os seres vivos podem se apresentar em três estados. Há um estado em que os seres vivos mostram várias atividades, que contribuem para manter sua integridade. Há um segundo estado de vida latente em que as atividades biológicas cessam, mas a integridade é preservada e as atividades podem reaparecer. Há ainda um terceiro estado em que essas atividades cessam e o ser é incapaz de manter sua integridade.

Nestes três estados está o ponto essencial para definir o que chamamos de *vida*.

Se considerarmos que os seres, que têm vida latente, têm vida, a vida não pode ser um movimento, porque tais seres não apresentam nenhuma atividade biológica. Se considerarmos que os seres que apresentam vida latente, podem morrer, e se a morte é a perda de vida, temos que admitir que tais seres perdem a vida, algo que não é movimento porque esses seres não têm atividades biológicas.

Assim, a vida não pode ser um movimento. Se seres que têm vida são apresentados em dois estados, um com *várias atividades biológicas*, outro sem tal atividade, não podemos considerar a vida como um movimento. A vida é assim considerada como um estado que pode permitir certas atividades.

Mas se a vida é um estado, qual é a causa desse estado? O que causa essa condição?

A Biologia fez muitas descobertas em relação a esse problema. Descobriu o *metabolismo*, a *reprodução*, a *herança* e assim por diante. Mas não descobriu a causa da vida, porque não soube juntar as peças fundamentais. Encontrou um conjunto de moldes atuando nos seres vivos (*conjunto de genes*), mas não percebeu o processo básico onde esses moldes atuam determinando toda *atividade dos seres vivos*. Não valorizou a ideia de que *genes* agem como *moldes*, e influenciada pelas ideias da cibernética, encantou-se com a ideia de *informação*. Não percebeu que os fenômenos biológicos, chamado *transcrição* e *tradução*, envolvido na síntese de *proteínas*, não têm nada a ver com informação como é entendida pela *física*. Não viu que estes fenômenos são *modos diferentes de atividade dos moldes que apresentam dois tipos básico de atividade que chamamos de* **decaimento** *e de* **replicação**.

Assim, a Biologia deixou de descobrir o processo fundamental da vida - *o processo vital*.

O resultado disso foi que a Biologia não encontrou a causa da vida e, portanto, não conseguiu definir com precisão a vida. E não definiu porque não soube juntar as peças fundamentais. Descobriu os moldes (*genes*) que operam nos seres vivos e como esses moldes agem, mas não percebeu que esses moldes eram elementos de um processo que tinha duas fases - uma fase de *replicação* e uma fase de *decaimento*. Analisando essas fases separadamente, não foi possível ver o processo. E assim, não foi possível identificar o processo fundamental - *o processo vital*.

O que é o processo vital? Como podemos defini-lo?

Se considerarmos que o *genoma* é um *conjunto de moldes* e que a *replicação e o decaimento são fases de um processo*, podemos definir o processo vital da seguinte forma:

D1 - Definição – O processo vital é a alternância entre a fase de decaimento e a fase de replicação de um conjunto de moldes biológicos.

O processo vital é o processo fundamental da Biologia. É a causa da vida. Dele podemos deduzir as propriedades fundamentais dos seres vivos e estabelecer uma definição de vida.

Base para uma Biologia teórica

Sendo o processo vital o processo fundamental da Biologia, podemos deduzir dele as propriedades fundamentais da vida e dos seres vivos. Para isso, devemos considerar várias definições e axiomas. Aqui queremos estudar apenas alguns casos.

Definições

D_2 - Definição de vida - A vida é o estado dos corpos que apresentam ou podem apresentar atividades que dependem do processo vital.

A vida, portanto, não é um movimento, mas um estado, cuja característica principal é permitir a ocorrência do processo vital.

Daqui segue um fato interessante. Esse estado, a vida, é o que caracteriza os seres vivos e os seres vivos são produtos do processo vital. Mas, por sua vez, o processo vital só pode ocorrer em seres vivos. Segue daí a lei biológica *omne vivum e vivo* (todo ser vivo procede de outro), uma lei que elimina a possibilidade de geração espontânea.

D₃ - Célula é o corpo que tem ou teve as condições necessárias para o desenvolvimento do processo vital.

O processo vital requer condições especiais para se desenvolver. Uma das condições é a distância que o molde deve percorrer. O processo é caracterizado pela alternância de fase que ocorre pelo deslocamento do conjunto de moldes. Os moldes são moléculas e, portanto, têm dimensões moleculares. A distância que o molde deve percorrer deve ser adequada a sua capacidade de movimento. E daí vem a seguinte lei:

Todo ser vivo, que não tem tamanho microscópico, deve conter vários conjuntos funcionais de moldes.

Outra condição é a composição do corpo. É necessário ter uma composição capaz de permitir a *fase de decaimento*, a *fase de replicação* e a *alternância* dessas fases.

Axiomas

A_1 - Todo ser vivo depende do processo vital.

A_2 - O processo vital requer condições especiais para ocorrer.

A₃ - A variação da quantidade transforma a qualidade das coisas.

A₄ - As células se relacionam com o ambiente, recebendo e eliminando matéria e energia.

Teoremas

Com base nessas definições e axiomas, podemos provar o seguinte teorema:

T₅ - *O processo vital só se desenvolve em célula.*

Prova - O processo vital requer condições especiais para desenvolver (A_2). O corpo que apresenta essas condições é chamado de célula (D_2). Assim, o processo vital pode se desenvolver apenas em células.

T₆ - *Todo ser vivo é composto de células.*

Prova - Se todo ser vivo depende do processo vital (A_1) e se o processo vital só pode se desenvolver na célula (**T₅**), então, todo ser vivo deve ser composto de células.

66

T₇ - *O processo vital só continua se houver separação dos conjuntos de moldes formados pela replicação.*

Prova - O processo de replicação aumenta o número de moldes. O processo precisa de condições especiais para se desenvolver (A_2). O aumento da quantidade de moldes muda as condições (A_3). Assim, sem a separação dos conjuntos de moldes formados na replicação, o processo não pode ter continuação.

O QUE É HERANÇA?

Em uma palestra proferida na abertura de um simpósio internacional de genética, Dobzhansky (1967) considerou curioso o fato de a maioria dos conceitos básicos da Biologia serem inadequados para serem definidos com exatidão.

Isto possivelmente está relacionado com a pobreza da Biologia em teorias científicas, o que faz que ela aceite, para muitos conceitos, o significado estabelecido pelo senso comum.

Talvez este também seja o caso do conceito de herança. Palavra vinda da terminologia jurídica, embora comumente usada em seu sentido biológico, herança ainda não foi rigorosa ou satisfatoriamente definida em Biologia.

Alguns biólogos enfatizam o fenômeno da similaridade, como é o caso de Castle, que define herança como *"semelhança orgânica baseada na descendência"* (Walter, 1938). Outros negligenciam à similaridade e enfatizaram o fenômeno da transmissão, como é o caso de Clapper (1960), para quem a herança é *"a transmissão de características expressas ou latentes de organismos parentais para seus descendentes"*.

Há também aqueles que, querendo se aproximar do senso comum, relacionam a hereditariedade não à semelhança ou à transmissão, mas àquilo que é recebido, como é o caso de Briquet (1965), que afirma que "*chamamos herança o conjunto de elementos hereditários que a descendência recebe de seus pais*". Outros consideram que a hereditariedade é a **autorreprodução**, assim como Sinnot, Dunn e Dobzhansky (1958), que declararam que "*a hereditariedade é essencialmente a* **autorreprodução** *do organismo a expensas do meio ambiente*". E há também quem considere a hereditariedade como um processo, como Usher (1966), para quem a hereditariedade é "*o processo pelo qual as qualidades dos pais são transmitidas aos filhos*".

Há também pesquisadores ecléticos para quem a hereditariedade, ora é semelhança ora transmissão, como Gardner (1972) que, no glossário de seus *Princípios de Genética,* dá a seguinte definição do termo: - *Hereditariedade - Semelhança entre os indivíduos relacionados à descendência; transmissão de traços de pais para filhos.*

Mas, ao lado dessa herança semelhança, dessa herança transmissão e dessa herança coisa recebida dos pais, houve tentativa de definições mais ousadas, que, no cntanto, não tiveram êxito. Lysenko, por exemplo, fez um grande esforço para mostrar que a herança não é uma coisa, mas uma propriedade dos seres vivos. Segundo ele, a herança é "*a propriedade de um corpo vivo de exigir condições definidas para sua vida, seu desenvolvimento e para reagir de modo definido a várias condições"* (Morton, 1952). É óbvio que, nessa definição, a hereditariedade e o que hoje é chamado de norma de reação se confunde.

Mas a definição de Le Dantec(1917) era mais obscura. Ele definiu a herança como *"a transportabilidade dos corpos vivos"*, uma definição baseada em um conceito que é difícil de entender, ou seja, transportabilidade, que é propriedade de consistência e conservação de um corpo definido, de sua permanência como tal através de sua viagem através do tempo e espaço.

Menos distante do senso comum é a concepção de Lanessan (1883), que afirmava que "a ação do meio gerador é habitualmente designada pelo termo herança", considerando meio gerador de um ser vivo como a linha de organismos que o origina.

Intimamente relacionado ao conceito de herança está o conceito de variação. O conceito de variação parece ser idêntico na linguagem comum e na genética. Pode-se considerar a variação como a manifestação de uma dessemelhança, ou seja, o oposto da herança, para aqueles que consideram a herança como similaridade. Para aqueles que consideram a herança como transmissão ou coisa recebida dos pais, a variação, em alguns casos, é uma expressão da própria herança. A variação também foi considerada como uma característica da herança, que por sua vez pode mostrar variação, como pensava Lysenko.

O que parece não deixar dúvidas é a importância desse fenômeno biológico.

Singleton (1962) considera a variação "*o suco vivo da genética*", porque, embora possa haver outros estudos biológicos, não pode haver uma ciência genética sem variação. Sinnot et al. (1958) salientaram a universalidade da variação afirmando que "*o processo de herança que faz o semelhante gerar semelhante é tão universal quanto a variação - o fato de que a semelhança nunca atinge a identidade completa*".

Herança de traços

Achamos conveniente dividir a herança em dois tipos básicos, isto é, *herança de traços e herança de processos*. A herança de traços, por sua vez, compreende a herança em sentido amplo, entendida como herança transmissão e herança em sentido estrito, entendida como herança semelhança.

Com referência a isso podemos apresentar as seguintes considerações:

Seja C_1 um traço e A e B dois indivíduos. Seja C_{1a} e C_{1b} manifestações do traço C_1 de tal modo que

$C_{1a} \in A$ e $C_{1b} \in B$. Seja F ou F' o conjunto de fatores que estão relacionados com a formação de traço C_1. Assim teremos:

$$F \rightarrow C_{1a} \quad e \quad F' \rightarrow C_{1b}$$

Vamos considerar que X é um subconjunto de F ou F', e que a análise é restrita a um dos pais.

Consideremos também que A dá origem a B e que, para um cruzamento, cada pai dá origem a B.

Se X relacionado com a formação de traço C_{1b}, é originado em A, dizemos que aconteceu uma herança no sentido amplo.

Assim, a herança no sentido amplo pode ser compreendida como: (h).

$$h \Rightarrow X \subset (F' \rightarrow C_{1b}) \Leftarrow A \qquad (1b)$$

Se X é originado em A e C_{1b} é similar a C_{1a}, dizemos que houve herança em sentido estrito (h'). Mas se C_{1b} é diferente de C_{1a} dizemos que houve variação (v).

Assim

$$h' \Rightarrow C_{1b} \approx C_{1a} \, / \, X \subset (F' \rightarrow C_{1b}) \Leftarrow A \qquad (2b)$$

$$v \Rightarrow C_{1b} \# C_{1a} / X \subset (F' \rightarrow C_{1a}) \Leftarrow A \qquad (3b)$$

A variação de traços, por sua vez, pode ser genética, ambiental ou indeterminada.

Seja E o conjunto de elementos do ambiente.

Vamos considerar $E \cap F = M$ e $E \cap F' = M'$. Se $M' = M$, há variação genética em (2b). Se $M' \neq M$, haverá variação ambiental ou indeterminada em (3b). A variação será ambiental se $F - M = F' - M'$ e indeterminado se $F - M \neq F' - M'$

Herança de processos

Dividimos a herança em dois tipos: herança de traços e herança de processos. Essa divisão não é a mesma que a proposta por Brachet (1935), que dividiu a herança em dois ramos: geral e especial. A herança geral pode ser considerada como sinônimo de diferenciação e estaria relacionada à formação de órgãos, enquanto a herança especial é o aspecto mendeliano da hereditariedade, a transmissão de certas diferenças de geração a geração. A herança especial também é chamada de *herança diferencial, mendeliana ou cromossômica* (Araoz, 1950).

Enquanto a hereditariedade de traços é tipicamente mendeliana, a hereditariedade de processos não é sinônimo de diferenciação e, embora esteja relacionada à formação de estruturas de seres vivos, é um conceito intimamente ligado à teoria do processo vivo. Para entender este conceito, é necessário primeiro entender essa teoria.

Se tomarmos qualquer sequência, em um processo de segunda ordem, entre o tempo t_0 e tempo t:

$$[\,\Pi * \oplus\,]^i \rightarrow E_\Pi \wedge E_\oplus \qquad (4b)$$

no qual

$$\Pi = \{[\,H * \Theta\,]^x \rightarrow \Theta_z\}\,{}_{t\,0}^{t} \qquad (5b)$$

$$\oplus = \{[\,\Theta * \nabla\,]_z \rightarrow \Delta_z\}\,{}_{t\,0}^{t} \qquad (6b)$$

Chamamos de herança o processo que ocorre nesta sequência para $t = t_0$ e $\nabla_1 = \varnothing$ (conjunto vazio). A herança é considerada, então, como o *bion* de segunda ordem em um estágio inicial. Como o estágio inicial pode ser tomado em qualquer parte do intervalo de tempo, podemos considerar o *bion de segunda ordem* como integração da herança. Uma integração qualitativa, portanto.

A teoria do processo vital é, sem dúvida, uma tentativa de uma visão unificada dos fenômenos da herança e da geração. Se uma análise separada da herança foi a razão do sucesso da genética mendeliana (Canguilhem, 1977), hoje uma teoria unificada desses fenômenos é sem dúvida uma necessidade imperiosa. No entanto, sempre que uma tentativa de unificação é feita, o ponto fundamental a ser considerado é estabelecer um conceito inequívoco de hereditariedade, que poderia desempenhar um papel importante na Genética de desenvolvimento.

NOVO MECANISMO DE EVOLUÇÃO

A teoria da evolução é hoje amplamente aceita pelos biólogos. O aspecto fundamental desta teoria é o estabelecimento de um mecanismo evolutivo, baseado nas relações entre variação e seleção. Através da mutação e da recombinação genética, as espécies podem produzir uma grande variação genotípica em cada geração. A variação individual vem da variação genética e os genes que originam características que tornam os indivíduos mais adaptados ao ambiente, terão uma vantagem e predominância na população.

A evolução da espécie, portanto, implica o acúmulo de adaptação de genes e características mutadas que são derivados desses genes. Dessa forma, para que a frequência de um alelo aumente na população, esse alelo deve passar no teste rígido de seleção natural, uma vez que esse alelo pode ser mais adaptativo ou menos adaptativo do que a forma da qual derivou.

Se apresentarmos a teoria desta forma, dois pontos são destacados: uma variação que é apresentada, como um processo aleatório independente do ambiente, e a seleção, processo no qual a ação do ambiente é amplamente verificada.

No entanto, embora não seja comumente mencionado, existe um terceiro aspecto importante, que é a expressão do fenótipo. Como é aceito que a seleção atua sobre o fenótipo, essa é uma fase do processo que não podemos ignorar.

Assim, em resumo, podemos dizer que a teoria da evolução consiste nos seguintes tipos de processos:

1 - Processos que geram diversificação de genótipos.

2 - Processos que levam à manifestação fenotípica.

3 - Processos que produzem a eliminação ou fixação do fenótipo.

Embora o primeiro seja um processo no qual a diversidade é aleatória e não depende do ambiente, no segundo o próprio ambiente   cria a diversidade, agindo sobre genótipos idênticos ou diferentes para gerar todos os possíveis fenótipos, e assim permitir a ação da seleção natural.

Enquanto os primeiros são processos nos quais a diversificação é aleatória e não devido a uma resposta direta do ambiente, no segundo o próprio ambiente cria diversidade agindo sobre genótipos idênticos ou diferentes para produzir todos os fenótipos possíveis e assim permitir a ação da seleção natural.

A falta de menção clara dessa ação do meio ambiente na formação do fenótipo e do processo evolutivo já produziu muitos mal-entendidos e muitas discussões.

Os processos que levam à manifestação do fenótipo desempenham um papel importante em um novo mecanismo evolutivo: o mecanismo de não adaptação.

A base deste mecanismo é o teorema da perda de reversibilidade, um dos teoremas da *Teoria do processo vital*, que tem implicações profundas nos processos evolutivos.

No processo conservativo de primeira ordem, uma mudança da amplitude e do domínio requer a ação de um elemento causal chamado *sinergon*. O *sinergon* pode ter um efeito que ocorre apenas com a sua presença, ou um efeito que persiste mesmo quando se torna ausente.

Processos conservativos de primeira ordem também podem retornar à amplitude anterior. Esse retorno do processo à amplitude anterior é chamado de reversibilidade do processo e o sinergon que produz essa reversibilidade é um sinergon inverso.

Como apenas a ação do sinergon pode alterar a amplitude do processo, devemos considerar que, se o sinergon tiver um efeito que ocorre apenas com sua presença, o *sinergon* inverso é um conjunto vazio.

Todo processo que pode retornar à *amplitude* anterior é um processo reversível e essa propriedade é o que é chamado de reversibilidade.

Teorema da perda de reversibilidade

Como os pontos usados como base de nosso argumento estão explicados, podemos agora provar o teorema da perda de reversibilidade.

T_8 - *Todo processo que possui um gene inativo em determinada amplitude, um gene que possui uma atividade necessária em outra amplitude, perde essa reversibilidade quando o gene muda e a mudança não é funcional.*

Prova

Vamos considerar o processo

$$[H * \theta]^a \rightarrow \theta_a$$

em que o gene **v** tem uma atividade necessária.

Este processo muda sua amplitude através da ação do *sinergon* ☼ e temos:

$$[H * \theta]^a * ☼ \rightarrow [H * \theta]^b \qquad (7b)$$

Nessa nova condição, o gene **v** é inativo e, portanto, não pertence à amplitude do novo processo.

Então, a mudança de **v** não interfere no novo processo. No entanto, o processo não pode retornar à amplitude anterior devido à condição não funcional de **v** e perder essa reversibilidade.

A não adaptação como mecanismo de evolução

O teorema da perda de reversibilidade tem implicações no processo de evolução, pois permite determinar o papel importante que os genes inativos desempenham na evolução.

Vamos imaginar que alguma população, no ambiente Y, apresente um processo vital de amplitude **a** e no ambiente Z apresente um processo de amplitude **b**. Vamos também considerar que, se esse processo falhar, a população desaparece. Vamos ainda considerar que o gene **v** é um elemento importante na amplitude **a**, tal que, se **v** muda e essa mudança não é funcional, o processo falha.

Quando o processo muda da condição Y para a condição Z, a amplitude muda de **a** para **b**. O gene **v** não pertence à amplitude **b**. Mudanças de **v** não danificam o processo nesta condição e como **v** é um elemento neutro na condição Z, não sofre o efeito da seleção e se ocorrer uma alteração não funcional, esta mudança pode continuar na população e ser fixada por deriva genética. Mas os indivíduos que contêm v alterado não podem se desenvolver na condição Y, o que implica uma mudança na *norma de reação* e, portanto, uma mudança de tipo evolutivo.

O aspecto mais curioso desse mecanismo é que ele implica, na verdade, em evolução por falta de adaptação a um meio.

A NATUREZA DOS CRUZAMENTOS RECÍPROCOS

Após os cruzamentos realizada por Kölreuter (1761-1717), muitos cientistas aceitaram a ideia de que os pais contribuíam igualmente para as características dos filhos. Esses experimentos demonstraram que há pouca diferença na aparência de uma F1 híbrido, se a fêmea ou o macho pertenciam a uma variedade ou a outra. Isso parece indicar que, embora as variedades possam diferir em diversas características, para a F1 era indiferente se o traço vinha do pai ou da mãe.

Assim, foi estabelecido, como regra, que os descendentes dos cruzamentos recíprocos são semelhantes.

Essa regra tinha exceções, como a herança ligada ao sexo, a herança citoplasmática e o efeito materno. Mas, apesar dos experimentos que a confirmavam, muitos zoólogos apresentaram argumentos contra ela.

Essa regra pretendia resolver o problema da natureza dos cruzamentos recíprocos, e a genética a adotou sem incoerência, pois buscava separar o fenômeno da herança do fenômeno da geração. Também em relação a isso, estava a questão de saber se a herança era transmitida pelo núcleo ou pelo citoplasma, uma questão que levou alguns pioneiros da Genética a pensar que os genes apenas determinam as características superficiais, mas as características fundamentais são determinadas pelo citoplasma.

Estabelecida a superioridade dos genes, a importância do citoplasma e a interação desses dois fatores, a regra foi mantida com suas exceções e o problema da natureza dos cruzamentos recíprocos parecia ter sido resolvido para sempre.

No entanto, a chegada da teoria do processo vital permite reabrir a questão e fazer uma análise diferente deste problema.

TEOREMAS RELACIONADOS A CRUZAMENTOS RECÍPROCOS

Dois teoremas fundamentais podem ser apresentados, quando tentamos analisar a natureza dos cruzamentos recíprocos, considerando a teoria do processo vital. Mas antes de apresentar estes teoremas, devemos explicar algumas expressões usadas aqui.

Cruzamento recíproco - é um cruzamento que implica um segundo cruzamento das mesmas linhagens, sendo os sexos opostos ao primeiro cruzamento.

Por exemplo:

1- Fêmea da linhagem **A** X macho da linhagem **B**

2- Macho da linhagem **A** X fêmea da linhagem **B**

Trofons equivalentes - são *trofons* diferentes, mas que produzem o mesmo tipo de interação.

O conjunto de variantes de um cruzamento - é o conjunto formado pelos vários tipos de descendentes que vêm deste cruzamento.

Após estas explicações das expressões usadas, podemos demonstrar os teoremas relacionados aos cruzamentos recíprocos.

T9 - *A introdução recíproca de **bions** em dois processos, cujos **trofons** não são equivalentes, produz resultados diferentes.*

Prova

Considere os processos

$$[\, H_1 * \Theta_1 \,] \rightarrow \Theta_{A1} \qquad (8b)$$

$$[\, H_2 * \Theta_2 \,] \rightarrow \Theta_{A2} \qquad (9b),$$

onde

$$\Theta_1 \cong|\ \Theta_2 \,.$$

Se introduzirmos H_2 em (8b) e H_1 em (9b) teremos

$$[\, H_1 \cup H_2 * \Theta_1 \,] \rightarrow \Theta_a \qquad (10b)$$

$$[\,H_1 \cup H_2 * \Theta_2\,] \rightarrow \Theta_b \qquad (11b)$$

Considere que em (10b) a interação $H_1 * \Theta_1$ produz a amplitude A_1 e $H_2 * \Theta_1$ produz a amplitude B_1. Considere também que, em (11b) a interação $H_1 * \Theta_2$ produz a amplitude A_2 e $H_2 * \Theta_2$ produza amplitude B_2. Se nós chamamos C_1 as amplitudes de (10b) e C_2 as amplitudes de (11b) teremos

$$C_1 = A_1 \cup B_1 \quad e \quad C_2 = A_2 \cup B_2$$

Então, se tivermos $\Theta_1 \cong \Theta_2$, temos C_1 diferente de C_2, e consequentemente (10b) e (11b) produzem resultados diferentes.

T_{10} – *Se os cruzamentos recíprocos produzirem resultados diferentes, o conjunto de variantes dos dois cruzamentos juntos é maior que o conjunto de variantes de cada cruzamento separado.*

Prova

Considere o cruzamento

$$\female A \; X \; \male B \qquad (12b)$$

que produzem o conjunto de variantes **M**, com m

elementos. Considere também o cruzamento recíproco

$$\male A \times \female B \qquad (13b),$$

que apresenta o conjunto da variante **N**, com n elementos sendo **n ≥ m**.

Se considerarmos os cruzamentos (12b) e (13b) juntos, teremos o conjunto de variantes **Q**, com **q** elementos, sendo

$$Q = N \cup (M - M \cap N)$$

onde

$$q > n, \text{ se } M - M \cap N \neq \varnothing.$$

M – M ∩ N só seria igual a um conjunto vazio se os cruzamentos recíprocos não dessem resultado diferente.

A REPRODUÇÃO DE CÉLULAS SEMELHANTES

A análise de seres vivos mostra que algumas células geram células semelhantes, mas outras geram células diferentes. Como podemos explicar esses tipos de geração?

Este é um problema fundamental da Biologia.

Sempre que alguém tenta explicar a similaridade ou dissimilaridade, supõe a existência de um substrato. Se várias coisas são semelhantes, elas certamente participam de um substrato comum. Entretanto, se forem diferentes, haveria um certo princípio, unidade ou substrato, que seria a causa dessa dessemelhança.

Esse modo de explicar a diversidade vem da Grécia antiga e recebeu um forte impulso de Empédocles.

Analisando os fenômenos e as coisas dessa maneira, a Biologia chegou à noção de gene. Assim, o gene é o substrato que explica a similaridade ou dissimilaridade dos seres vivos.

No entanto, se o gene pode explicar a similaridade ou dissimilaridade dos seres vivos, e se os seres vivos são compostos de células, o gene pode também explicar a similaridade e dissimilaridade das células?

Em alguns casos, a resposta é sim e, em outros, é não. O gene só pode explicar a dissimilaridade das células quando as células não pertencem ao mesmo indivíduo.

Examinando um indivíduo que foi desenvolvido a partir do ovo, a Biologia considera que muitas células são diferentes, embora provenham de uma única célula e contenham um conjunto gênico semelhante.

Nesse caso, a dessemelhança vem de outro fenômeno que é entendido como atividade gênica.

Então, não basta ter um gene, mas é necessário que o gene seja ativo. E essa atividade pode ocorrer ou não, dependendo das condições. Assim, é o meio, que determina a ativação ou inativação do gene e a genética, expressa isso ao adotar a seguinte fórmula:

Genótipo $*$ meio $\rightarrow$ fenótipo   (14b)

Aqui, obviamente, o termo meio tem um significado muito vasto, abrangendo tudo que não pertence ao genótipo, mas pode interagir com ele. E é composto por um substrato que podemos considerar interno, pertencente ao próprio indivíduo e condições externas que não dependem do indivíduo.

Embora a fórmula (14b) possa explicar o fenômeno de similaridade e dissimilaridade do fenótipo de dois indivíduos, ela não pode explicar a geração de células semelhantes.

O motivo é simples. A célula possui diversas fases de desenvolvimento e em cada fase o genótipo é o mesmo. Assim, as mudanças não podem ser explicadas como consequência de modificações do genótipo, mas como ativação ou não ativação dos genes, causada pelo ambiente.

Assim, podemos considerar que o ambiente **Y** ativa os genes que estão atuando na fase inicial, e o ambiente **Z**, ativa os genes que estão atuando na última fase. Se considerarmos que na fase final ocorre a divisão da célula, devemos também considerar que o substrato que forma esse ambiente pode determinar o fenômeno da divisão celular e é diferente do substrato da fase inicial.

A célula só pode gerar outra célula com desenvolvimento similar, se seu genótipo for inserido, durante o processo de divisão, no ambiente **Y**, que é o ambiente da fase inicial.

No entanto, como pode um genótipo que está em uma fase, cujo ambiente é **Z**, retornar à fase **Y**, que é completamente diferente?

A explicação mais aceitável seria considerar que, durante a fase inicial, a célula formou um substrato que se deslocou para alguma região e é capaz de permanecer lá sem modificação, apesar da transformação da célula. Esta região é o *protômero*. E o genótipo deve entrar nesse *protômero* antes da divisão celular para iniciar um processo semelhante ao anterior. E temos

$$[© * \square] \rightarrow [H * \Theta]$$

Assim, o *protômero* é uma necessidade lógica para explicar a reprodução de células semelhantes.

TEMAS RELACIONADOS

ÀS TEORIAS

AS INTERAÇÕES E OS CONJUNTOS

Os processos biológicos básicos apresentam duas características fundamentais: sobre o ponto de vistas matemático, envolvem conjuntos e, sobre o ponto de vista bioquímico, envolvem interações. Por isso é importante que esses assuntos sejam abordados aqui, embora de uma maneira superficial.

As interações

A compreensão, em detalhe, das interações biológicas, certamente, exige o desenvolvimento da análise abstrata das interações em geral. Não é esse o nosso objetivo. O que pretendemos é apenas ressaltar aquilo que nos parece fundamental.

As interações são um tipo de relação particular em que elementos agem uns sobre outros, dando como consequência um resultado novo, que surge dessa ação recíproca, mas não dos elementos isolados ou de uma ação unilateral.

Como as interações levam a uma consequência, é evidente que aí se acha envolvido o princípio da causalidade. Mas, a causa assume, neste caso, uma complexidade que não permite identificação restrita. Já não se pode dizer que **A** é a causa de **C**, mas que A interagindo com **B**, tem como consequência **C**, ou que as interações em A têm como consequência **C**.

Embora das interações possam participar relações binárias, tais como igualdade, diferença, equivalência, pertinência etc., as interações, de modo algum, se limitam a essas relações, e não se confundem com elas, como também não se confundem com as relações funcionais.

O resultado das interações, como um resultado que provém de uma realidade fenomenal, raramente pode ser reduzido a uma combinação de semelhante com semelhante. Talvez, por isso, nem sempre a matemática é adequada para descrevê-lo.

"As matemáticas", diz Poincaré, "nos ensinam, com efeito, a combinar semelhante com semelhante. Seu fim é adivinhar o resultado de uma combinação, sem ter necessidade de refazer essa combinação peça a peça. Se temos de repetir várias vezes uma mesma operação, elas nos permitem evitar essa repetição, fazendo-nos conhecer antecipadamente este resultado, por uma sorte de indução".

Por isso, para Poincaré, o uso da matemática só é possível quando todas as operações são semelhantes, pois, no caso contrário, temos que fazer as operações uma depois da outra, e a matemática se torna inútil.

Evidentemente, este não é o caso de todas as interações. Há interações de vários tipos e muitas não se enquadram nessa exigência. Por isso, tem-se de usar outras linguagens para descrevê-las.

Entretanto, há certas relações lógicas que participam de todas as interações, seja qual for a sua natureza. Há teoremas, relativos às interações em geral, que merecem um certo destaque. São alguns desses teoremas que pretendemos apresenta a seguir.

T $_{11}$ - *Se **A** interage com **B**, e **B** está contido em **C**, então **A** interage com **C**.*

Demonstração – Se **A**✳**B**, então existe em **A** um elemento qualquer **a** ∈ **A** que interage com um elemento qualquer **b** ∈ **B**.

Se **b** ∈ **B** e **B** ⊂ **C**, então **b** ∈ **C**, e é claro que **A** ✳ **C**.

Deste teorema resulta o corolário seguinte:

***Corolário C**$_l$* - Se **A** interage com **B**, **A** interage com a união entre **B** e **C**.

T$_{12}$ - *Se **A** não interage com **B**, e **B** contém **C**, então **A** não interage com **C**.*

Demonstração - Este teorema pode ser demonstrado pelo método de redução ao absurdo.

Admita-se que $A * C$, então existem elementos $a \notin A$, que interagem com elementos $c \in C$. Mas $B \supset C$, então esses elementos c pertencem também a B. Ora, se eles pertencem a B, temos que admitir que $A * B$. Mas isso é uma contradição e o teorema fica provado.

T_{13} - *Se A interage com B, e A não interage com C, então A interage com a diferença entre B e C.*

Demonstração - Se A interage com B, existem elementos $a \in A$ que interagem com elementos $b \in B$. Ora, $A *\}C$ portanto b não pertence a C, e por conseguinte pertence a diferença entre B e C. Desse modo $A * (B - C)$.

T_{14} - *Se A interage com a intersecção B e C, então A interage com B e A interage com C.*

Demonstração - Se A interage com a intersecção B com C, existem elementos $a \in A$ que interagem com elementos $b \in B \cap C$. Se b pertence à intersecção, então $b \in B$ e $b \in C$. Disto se conclui que A interage com B e interage com C.

A comparação das interações

As coisas, bem como as propriedades, os estados, os fenômenos etc., podem ser comparadas. E dessa comparação podemos concluir que elas são iguais ou diferentes.

Se o objeto da comparação pode ser diferenciado, temos uma variedade. Mas, quando há uma variedade, a diferença pode ocorrer em relação a uma característica distinta, e não em relação a uma outra. Assim, uma coisa pode ser diferenciada pela sua cor e não pela sua forma, ou pela forma e não pelo tamanho. Daí porque, ao considerarmos uma variedade, devemos indicar a característica a que está relacionada. Se tivermos, por exemplo, um conjunto K e, se considerarmos uma característica c, com a qual os elementos de **K** podem ser comparados, dizemos que o conjunto **K** não apresenta variedade com respeito a **c** , se não houver dois elementos que possam ser diferenciados por essa característica, e, ao contrário, dizemos que há variedade, se o conjunto contém pelo menos dois elementos que podem ser diferenciados pela característica considerada.

Da mesma maneira como podemos constatar a existência da variedade, também podemos medi-la. Se tivermos um conjunto **K**, composto de 4 objetos, 3 apresentando forma circular e 1, forma quadrada, e todos marcados por letras em seu interior (*Figura 1*), podemos comparar esses objetos pela forma e pela letra escrita em seu interior.

Figura - 1

Se usamos a forma como um meio para comparar os elementos do conjunto apresentado na Figura 1, encontramos 2 tipos de elementos e podemos atribuir ao conjunto uma variedade igual a 2. Se comparamos o conjunto em relação às letras colocadas em seu interior, temos uma variedade igual a 3. Mas, se comparamos o conjunto em relação às letras e à forma, temos, então, uma variedade igual a 4.

Esses valores constituem a medida ou a quantidade de variedade deste conjunto **K**, em relação à característica determinada, pois, o que chamamos de medida ou quantidade de variedade de um conjunto é o número de subconjuntos, que podem ser diferenciados por meio de uma característica determinada.

Frequentemente, o que se usa, como medida da variedade de um conjunto, é o logaritmo em base 2 do número de subconjuntos diferenciados pela característica considerada. E pode-se utilizar, como unidade de medida, o bit, que é a unidade do logaritmo em base 2, do número de subconjuntos diferenciados, encontrados.

O estudo da variedade é, em muitos aspectos, conhecido. Entretanto, do ponto de vista biológico, é de interesse estendê-lo à análise das interações.

Tais como as coisas, as propriedades, os estados etc., as interações também podem ser comparadas. Podemos comparar as interações em si, os elementos que interagem, ou ainda os resultados dessas interações.

Em relação a um resultado determinado, podemos dividir as interações em dois tipos: interações *monótropas* e interações *polítropas*.

Denominamos interações *monótropas* aquelas nas quais o resultado determinado não tem, senão, uma maneira de ser; em outras palavras, são aquelas interações nas quais o resultado considerado não apresenta variedade.

As interações *polítropas,* ao contrário, são aquelas nas quais o resultado determinado tem diferentes maneiras de ser, são, então, interações nas quais o resultado considerado apresenta variedade.

Como exemplo de interação *polítropa*, podemos citar o lançamento de um dado sobre uma mesa. Se consideramos o resultado da face voltada para cima, e tomamos, como característica, o número de marcas nesta face, temos um resultado variável.

Chamamos, então, *monotropia* a ocorrência nas interações de um resultado invariável, e *politropia* a ocorrência de um resultado variável.

Quando comparamos as interações, os seus elementos e seus resultados, podemos destacar os quatros axiomas que seguem:

Axioma A_1 - Se A é a interação de **a** com **b**, e **B** é a interação de **a** com **b**, então o resultado de **A** é igual ao resultado de **B**.

Axioma A_2 - Se A_2 é a interação de **a** com **b**, e **B** é a interação de **a** com **b**, então o resultado de **A** pode ser igual ou diferente do resultado de **B**.

Axioma A_3 - Se A_3 é a interação de **a** com **b**, e **B** é a interação de **a** com **c** ou de **c** com **d,** então o resultado de **A** é diferente do resultado de **B**.

Axioma A_4 - Se A_4 é a interação de **a** com **b**, e **B** é a interação de **a** com **c** ou de **c** com **d**, então o resultado de **A** pode ser igual ou diferente do resultado de **B**.

Os axiomas A_2 e A_4 caracterizam as *politropias*, enquanto os axiomas A_1 e A_3 caracterizam as *monotropias* estringentes. Os axiomas A_1 e A_4 caracterizam as *monotropias* relaxadas.

Conjuntos

Conjunto é um conceito fundamental não apenas em todos os ramos da Matemática. Na Biologia ele também é importante.

O primeiro a destacar a importância dos conjuntos em Matemática foi Georg Cantor (1845-1918).

Intuitivamente, o que se entende por conjunto é uma coleção, bem definida de objetos ou seres, não importando a natureza deles. Esses objetos ou seres que constituem o conjunto são denominados elementos ou membros de conjunto.

Notação

Geralmente os conjuntos são designados por letras maiúsculas **A, B, X, Y**.... e os elementos por letras minúsculas **a, b, x, y**.

Para indicar que "**a** é um elemento de **A**, ou que "**a** pertence a **A**, escreve-se:

$$a \in A$$

A negação "**a** não é um elemento de **A** ou que **a** não pertence a **A**, escreve-se:

$$a \notin A$$

Determinação de um conjunto

Pode-se especificar um conjunto de duas maneiras. Quando é possível pode-se enumerar os seus elementos. Nesse caso os elementos são separados por vírgulas, e compreendidos entre chaves {}, e se diz que o conjunto foi definido por extensão. Exemplo:

$$E = \{1, 3, 7, 9\}$$

Caracteriza o conjunto **E**, cujos elementos são os números 1,3,7,9.

A outra maneira de definir um conjunto consiste em dar as propriedades que seus elementos precisam satisfazer. Neste caso emprega-se geralmente **x**, para indicar um elemento arbitrário, uma barra / equivalente a *tal que,* e a vírgula correspondente a conjunção **e**.

Exemplo:

$$E = \{x \,/\, x \; inteiro, x > 0\}$$

Caracteriza-se conjunto E que é o conjunto dos elementos **X**, tal que **x** é inteiro e **x** é maior que zero.

Nesse caso diz-se que o conjunto foi definido por compreensão.

Conjuntos discriminados

O conjunto que não possui nenhum elemento é chamado de conjunto vazio. O conjunto vazio é representado pelo símbolo Ø.

O conjunto constituído por um único elemento é denominado de conjunto unitário.

O conjunto que tem um número limitado de elementos é chamado de conjunto finito. Se o número de elementos é ilimitado diz-se que o conjunto é infinito. O conjunto vazio é considerado um conjunto finito e com zero elemento.

Quando se tem dois conjuntos, um conjunto **A** e um conjunto **B**, e não há nenhum elemento de **A** em **B**, e nenhum elemento de **B** em **A**, diz-se que esses conjuntos são conjuntos disjuntos.

Subconjuntos

Diz-se que **A** é um subconjunto de **B**, quando cada elemento do conjunto **A** também é um elemento do conjunto **B**. Para indicar esta relação escreve-se:

$$A \subseteq B$$

que se lê "**A** está contido em **B**"

Esta relação também pode ser escrita da maneira que segue

$$B \supset A$$

Neste caso se lê "B contém A".

Para indicar que "A não está contido em **B** ou que "**B** não contém **A**", escreve-se, respectivamente

$$A \not\subseteq B \quad \text{ou} \quad B \not\supset A.$$

Cada conjunto é um subconjunto de si mesmo e o conjunto vazio é considerado um subconjunto de qualquer conjunto.

Quando **A** está contido em **B** e **B** contém ao menos um elemento que não pertence a **A**, isto é, quando $A \subset B$ e $A \neq B$, diz-se que **A** é um subconjunto próprio de **B**.

Quando todos os conjuntos sob verificação podem ser considerados subconjuntos de um conjunto fixo este conjunto fixo é denominado de conjunto universal ou universo. O conjunto universal é representado por **U**.

Um conjunto cujos elementos também são conjuntos é chamado família de conjunto.

A família de todos os subconjuntos de qualquer conjunto **S**, é denominada de conjunto potência de **S** e é representada por 2^s. Assim se tivermos S={a,b} teremos 2^s = { a,b}, {a} {b} {Ø}.

Dois teoremas relativos aos conjuntos

T₁₅ - *Se A é um subconjunto de B, e B é um subconjunto de C então A é um subconjunto de C.*

Demonstração – Seja **x** um elemento de **A**. **x** também pertence a **B**, desde que **A** é um subconjunto de **B**. Mas como **B** está contido em **C**, qualquer elemento **x** de **B** é também um elemento de **C**. Desse modo se **A** está contido em **B** e **B** está contido em **C**, então **A** está contido em **C**.

T$_{16}$ - *Se o conjunto S é um conjunto finito com n elementos, o conjunto potência de S tem 2^n elementos.*

Demonstração – Tem-se $1 = C_n^0$ conjunto vazio, $n = C_n^1$ conjuntos com 1 elemento, C_n^2 conjuntos com 2 elementos..., $1=C_n^n$ conjuntos com n elementos. O número de conjuntos é dado pela soma,

$$C_n^0 + C_n^1 + C_n^2 +...+ C_n^n = 2^n$$

de acordo com a Análise Combinatória.

Operações com conjuntos.

União

A união dos conjuntos **A** e **B** que é representada por **A** $\cup$ **B**, é o conjunto formado por todos os elementos que pertencem a **A** ou a **B**. Considera-se, portanto, que:

$$A \cup B = \{ x/\ x \in A \text{ ou } x \in B\}$$

Disso resulta que **A** $\cup$ **B** = **B** $\cup$ **A**, e que **A** e **B** são sempre subconjuntos de **A** $\cup$ **B, ou seja** , $A \subset (A \cup B)$ e $B \subset (A \cup B)$.

Intersecção

A intersecção dos conjuntos **A** e **B**, que é representado por **A** ∩ **B**, que se lê **A** intersecção **B**, é o conjunto dos elementos que pertencem **A** e a **B**. Considera-se, portanto, que:

$$A \cap B = \{x/ \ x \in A \text{ ou } x \in B\}$$

Daí resulta que **A** ∩ **B** = **B** ∩ **A** e que cada um dos conjuntos **A** e **B** contém **A** ∩ **B**, como um subconjunto ou seja (A ∩ **B**) ⊂ **A** e (**A** ∩ **B**) ⊂ **B**. Se **A** e **B** são conjuntos disjuntos têm-se **A** ∩ **B** = Ø.

Diferença

A diferença dos conjuntos **A** e **B**, que é indicada por **A** – **B**, é o conjunto dos elementos que pertencem a **A** mas não pertencem a **B**. Tem-se então,

$$A - B = \{x/ \ x \in A, x \notin B\}$$

O conjunto **A**, portanto contém **A** - **B**, com um subconjunto, isto é:

$$(A - B) \subset A$$

Complemento

O complemento de um conjunto **A**, que se representa por **A´**, é o conjunto dos elementos que não pertencem a **A**. O complemento é então a diferença entre o conjunto universal (**U**) e o conjunto **A**. Tem-se, portanto:

$$A^{`} = \{x/ x \in U \text{ ou } x \notin A\}$$

O conjunto **A** e o seu complemento **A`** são disjuntos.

$$A \cap A^{`} = \varnothing.$$

A união de qualquer conjunto **A**, com o seu complemento **A`** é o conjunto universo

$$A \cup A` = U$$

A diferença de **A** e **B** é igual a intersecção entre **A** e o complemento de **B**.

$$A - B = A \cap B`$$

Como segue:

$$A -B = \{x/ x \in A, x \notin B\} = \{ x/ x \in A, x \notin B`\} = A \cap B`$$

Os processos

Os processos podem ser compreendidos como conjuntos. Há diversos tipos de conjuntos e entre esses podemos destacar dois tipos que são os conjuntos sincrônicos e os conjuntos diacrônicos. Os conjuntos sincrônicos são aqueles formados por elementos que podem coexistirem em um determinado tempo e os conjuntos diacrônicos são conjuntos formados por elementos que se sucedem no tempo, portanto são formados por elementos que não podem coexistirem.

O que se chama de conjunto é uma lista, coleção ou classe de objetos bem definidas, objetos esses que são chamados de elementos. No caso dos conjuntos sincrônicos todos os elementos têm existência espacial-temporal. No caso dos conjuntos diacrônicos, os elementos se sucedem e só têm existência espacial-temporal em um tempo determinado. O conjunto diacrônico é formado, portanto, por um conjunto de fases ou de estados. Assim podemos dizer que um processo é um conjunto diacrônico.

É claro que considerar o processo como um conjunto diacrônico implica em assumir que todo processo é uma sucessão de fases ou de estados e que essas fases ou estados existem efetivamente e podem ser identificados e definidos. Assim o conjunto diacrônico não é mais do que o conjunto de fases de um processo.

Vejamos agora em que sentido o deslocamento no espaço é um conjunto diacrônico.

Nos conjuntos diacrônicos as fases só existem como abstração. Sua existência real se dá, unicamente, em um momento determinado. No caso do deslocamento as fases são os diferentes espaços ocupado pelo corpo em movimento. Mas, normalmente, no estudo desses processos, esse conjunto de espaço fica marginalizado. E o que se considera é o espaço entre dois momentos e o tempo decorrido para passar de um espaço a outro. A partir caí pode-se calcular a velocidade do corpo e analisar outros problemas correlatos como a aceleração etc.

Ao estudar esse processo a física estabeleceu a lei da inércia, segundo a qual os corpos tendem a manter o seu estado de repouso ou de movimento.

O espaço se caracteriza pelo total das relações externas do corpo em um momento dado. Se as relações mudam, podemos dizer que houve uma mudança de espaço. Se as relações são as mesmas, então não houve mudança espacial. É claro que entendendo assim um corpo não pode ocupar dois espaços ao mesmo tempo.

Todo processo sendo um conjunto diacrônico é um conjunto de uma coisa que foi e já não é, portanto, um conjunto de negatividade.

Mas não se pode dizer que um conjunto diacrônico é um conjunto de não-ser, pois um conjunto de não-ser é um conjunto vazio, pois um conjunto vazio é um conjunto sem elementos, e o conjunto diacrônico tem elementos.

Assim todo processo é um conjunto diacrônico, e, portanto, um conjunto de negatividade. Mas a negação do ser não pode ser o não-ser, o nada. No processo a negação do ser real não é o nada, é o ser abstrato, o ser pensado. Como diz Feuerbach, em *Manifestos filosóficos*, "o contrário do ser, em geral, como considera a lógica, não é o nada, mas o ser sensível e concreto"

Os processos podem se unir, podem se opor e podem também coexistirem. Em relação a sucessão de fases podem ser lentos ou rápidos. E em relação a uma entidade determinada eles podem ser considerados internos ou externos. Há processos tão lentos que fica difícil identifica-los como processo. É o caso da evolução dos seres vivos.

VÍRUS

Lwoff (1957) definiu organismos vivos como unidades independentes de estruturas e funções integradas e interdependentes.

Organismo vivo apresenta individualidade, continuidade histórica e independência evolutiva, em vez de independência funcional (Luria, 1959).

Os seres vivos diferem das coisas não-vivas em sua capacidade de manter, reproduzir e multiplicar estados de matéria caracterizados por um grau extremo de organização (Harold,1986).

Organismo vivo é aquele que extrai energia do ambiente, usa-o para realizar todas as formas de trabalho químico e físico e converte energia em organização (Morowitz,1968)

São características de organismos vivos - Eles são compostos de materiais organizados. - Eles têm movimento físico. - Eles podem responder ao movimento físico. - Eles crescem em volume e em número. -Potencialidade de reprodução e mutação (Pelczar et al., 1981).

Um organismo vivo é baseado na célula, onde a informação genética está codificada no DNA (ácido desoxirribonucleico) e se expressa na forma de proteínas (Damineli e Daminel, 2007).

Menegueti e Facundo (2014) apresentaram uma nova definição para ser vivo onde consideram que "todos os seres vivos apresentam DNA e/ou RNA e tem a capacidade de evoluir".

Os vírus diferem de todos os outros organismos na sua estrutura e Biologia. Por serem metabolicamente inertes surge a questão quanto à sua classificação: Será que podem ser classificados como seres vivos?

Segundo Ortiz e Mujica (2015), os vírus não cumprem os postulados da teoria celular, propostos por Matthias J. Schleiden (1804-1881) e Theodor Schwann (1810-1882), que argumentaram que toda célula se origina de uma pré-existente; que todos os seres vivos são constituídos por uma ou várias células, e que elas constituem a unidade básica de estrutura e função do organismos vivos.

Stephens et al. (2009) relataram que existem muita controvérsia a respeito do vírus ser ou não ser um ser vivo e dizem que os que defendem que o vírus não é um ser vivo, partem do princípio de que ele não tem vida livre, pois sua replicação só e possível dentro de uma célula viva. Além disso, alguns desses agentes possuem a capacidade de se cristalizar quando submetido a situações adversas. Entretanto, os que o classificam como ser vivo se apoiam em duas características. A primeira se refere a sua capacidade de replicação que os diferem de outros agentes, tais como as toxinas bacterianas, e a segunda, a presença de uma estrutura protetora do seu material genético, ausente nos plasmídeos.

Sem uma célula hospedeira, o vírus não pode existir; entretanto, os vírus estão presentes e coexistem com todos os seres vivos. São acelulares e, portanto, não cumprem os postulados da teoria celular ou realizam metabolismo, uma qualidade essencial de vida (Ortiz e Mujica, 2015).

Considerando as teorias aqui expostas devemos considerar que os vírus são moldes que tem uma fase extracelular, mas que penetram na célula para se reproduzir e esse processo de reprodução leva a destruição celular.

CÂNCER

Câncer é o nome dado a um conjunto de mais de 100 doenças que têm em comum o crescimento desordenado de células, que invadem tecidos e órgãos. Dividindo-se rapidamente, estas células tendem a ser muito agressivas e incontroláveis, determinando a formação de tumores, que podem espalhar-se para outras regiões do corpo (Inca, 2018).

Enquanto, na maioria dos tecidos, as células dividem-se de forma controlada, no câncer, esse mecanismo de controle é perdido, e ocorre uma proliferação celular acima das necessidades do tecido (Santos et al., 2001). Segundo Thériault (1998) uma célula cancerosa é uma célula que entrou em estado de multiplicação incontrolável, não mais responde às mensagens que lhe são enviadas por células vizinhas; comporta-se de forma egoísta; multiplica-se de uma maneira totalmente desordenada; é pobremente diferenciada, ainda que morra em decorrência disto; tem a capacidade de gerar seus próprios vasos nutrientes; pode destruir tecidos e se espalhar através de estruturas subjacentes; pode, ainda, invadir o sangue e vasos linfáticos e migrar para diferentes partes do corpo onde tem a capacidade de se aderir a tecidos e dar origem a metástases

As células cancerosas violam as regras mais básicas de comportamento celular pelas quais os organismos multicelulares são construídos e mantidos, e exploram todos os tipos de oportunidades para faze-lo (Alberts et al., 2017).

As células cancerosas são definidas por duas propriedades:

1- Reproduzem-se desobedecendo aos limites normais da divisão celular.

2- Invadem e colonizam regiões normalmente destinadas a outras células.

É a combinação dessas duas atividades que torna o câncer particularmente perigoso (Alberts et al., 2017).

De um modo geral, uma célula cancerosa é uma célula somática com mutações acumuladas em diferentes genes, resultando em perda do controle da proliferação celular. Como consequência formam-se tumores. O tumor que invade outros tecidos é definido como maligno e aquele que permanece em seu sitio original é denominado benigno (Pasternak, 2002).

Kobayashi e Noronha (2015) citaram que há evidências de que nem todas as células tumorais têm poder de iniciar um tumor. Apenas uma pequena parte das células cancerígenas, chamadas de células-tronco de câncer (do inglês cancer stem cells - CSC), é capaz de iniciar um tumor idêntico ao original quando retirada de tumores humanos e enxertada em camundongos imunossuprimidos.

Todos os cânceres são resultado de mutações em genes que participam do controle dos processos normais de crescimento, limitando a proliferação celular ou reparando o dano ao DNA (Pasternak, 2002) sendo os principais grupos de genes envolvidos nesse processo: proto-oncogenes, genes supressores de tumor e genes relacionados ao reparo do DNA.

A transformação neoplásica resulta de uma série de alterações genéticas, envolvendo ativação de proto-oncogenes e inativação de genes supressores tumorais (Golbert, 2003).

A carcinogênese resulta de múltiplas etapas e pode envolver dezenas, até centenas, de genes, por meio de mutações gênicas, quebras e perdas cromossômicas, amplificações gênicas, instabilidade genômica e mecanismos epigenéticos (Rocha e Silva, 2003).

Dois tipos de mutações estão associados aos tumores: mutações oncogênicas e mutações em genes supressores tumorais (Griffiths et al., 2001).

O câncer é, portanto, o resultado de células desajustadas, células que apresentam alterações no processo vital, e como consequência produzem alterações desastrosas nos organismos nos quais se inserem.

REFERÊNCIAS

ALBERTS, B.; BRAY, D.; LEWIS, J.; RAFF, M.; ROBERTS, K. Biologia Molecular da Célula 2017. Artmed. 6ª edição. 2017.

ARAOZ, G. La herencia biologica. Editoria Atlântida S.A. Buenos Aires. 1950.

BACHELARD, G. O novo espírito científico. Edições 70. Lisboa. 1986.

BACHELARD, G. A filosofia do não. Editorial Presença. Lisboa. 1987.

BARACHO, I.R. A Estrutura dos Processos Biológicos. Computação, Gráfica e Editora Ltda- Campinas –SP. 1997.

BARACHO, I.R. Two New Theories for Biology. Edições do autor. Campinas-SP. 2000.

BARACHO, I.R. Teorio de la Biologiaj Modeliloj. Kajero de Scienco – 5. Campinas –SP. 2012.

BERTALANFFY, L. VON. Les problemes de la vie. Gallimasrd. Paris. 1961.

121

BERZELIUS, J.J. Essai sur la Theorie des Proportions Chimique Paris. 1819.

BRACHET, A -Traité d'embriologie des vertébrés. Masson et cie. Paris. 1935.

BRIQUET Jr. R. Lições de genética. S.I.A. Rio de Janeiro. 1965.

CANGUILHEM, G. Idealogie e rationalité dans l'histoire des sciences. Librairie Philosophique J. Vrin. Paris. 1977.

CLAPPER, R. B. Glossary of Genetics and other biological terms. Vantage Press. New York. 1960.

DAMINELI, A; DAMINEL, D.S.C. Origens da vida. Estudos avançados 21 (59), 263-284. 2007.

DOBZHANSKY, T. Considerações sobre a Biologia Cartesianae Darwiniana. Ciência e Cultura, 19: 3-13. 1967.

DOBZHANSKY, T. Genética y el origem de las espécies. Revista do Occident. Madrid. 1955.

DUMAS, J. B. ; Leçons sur la Philosophie Chimique, Ebrard Librairie : Paris, 1836.

GARDNER, E. J. Principles of Genetics. John Wiley & Sons, Inc. New York. 1972.

GOLBERT, L., KOLLING, H.; POSSER, A.H.L., LOBATO, R., MAIA, A.L. Aumento da Expressão do Proto-Oncogene no Bócio Multinodular: Possível Envolvimento na Patogênese Arq Bras Endocrinol Metab vol 47 nº 6 dezembro 2003.

GRIFFITHS, A.J.F.; LEWONTIN, R. C.; GELBART, W. Introdução a Genética. Guanabara Koogan. 2001.

HAROLD, F.M. The vital force: a study of bioenergetics. W.H. Freemann, New York, USA. 1986.

INCA 2018. https://www.inca.gov.br/o-que-e-cancer, acesso em 06 de dezembro de 2018.

KOBAYASHI, N. C. C.; NORONHA, S. M. R. DE. Cancer stem cells: a new approach to tumor development. Rev. Assoc. Med. Bras., São Paulo, v. 61, n. 1, p. 86-93, Feb. 2015.

LANESSAN, J. L. Le transformisme. Octave Doin Éditeur. Paris. 1883.

LE DANTEC, F. La stabilité de la vie. Félix Alcan Editeur. Paris. 1910.

LE DANTEC, F. Éléments de philosophie biologique. Félix Alcan, Éditeur. Paris. 1911.

LE DANTEC, F. Évolution individuelle et hérédité. Félix Alcan, Éditeur. Paris. 1913.

LE DANTEC, F. De I 'homme à la science. Ernest Flammarion, Editeur. 1917.

LE DANTEC, F. La science de la vie. Ernest Flammarion, Éditeur. Paris. 1930.

LURIA, S.E. Vírus como materiais genéticos infecciosos, p. 188-195.Em V. Najjar (ed.). Imunidade e infecção por vírus. Wiley, Nova Iorque, EUA. 1959.

LURIA, S.E., DARNELL, D. Baltimore e A. Campbell. Virologia geral. Wiley, Nova Iorque, EUA. 1978.

LWOFF, A. O conceito de vírus. J. Gen. Microbiol. 17: 239-253. 1957.

MAINX, F. Foundations of Biology, in Neurath, O., R. Carnap e C. Morris, Foundations of the unity of science, vol. I. 1971.

MENEGUETTI, D.U.O., FACUNDO, V.A. Vírus ser vivo ou não? Eis a questão! Virus – living being or not? That is the question! Rev Epidemiol Control Infect. 2014;4(1):01. 2014.

MOROWITZ, H.J. Energy flow in biology: biological organization as a problem in thermal physics. Academic, New York, USA. 1968.

MORTON, A. G. La nueva genética. Ediciones del Portico. Buenos Aires. 1952.

ORTIZ, M.I.D, MUJICA, J. L. H; Los virus, ¿son organismos vivos? Discusión en la formación de profesores de Biología VARONA, Revista Científico-Metodológica, No. 61, julio-diciembre. 2015.

PASTERNAK, J.J. Uma Introdução à Genética Molecular Humana: Mecanismos das Doenças Hereditárias. Editora Manole. 2002. 497.

PELCZAR, M. J., REID Y E., Y.E., CHAN, C.S. Microbiología. Madrid, España: Edición McGraw-Hill Book. 1981.

POICANRÉ, H. – La science et l'hypothèse. Editora Flammarion. Paris. 1968.

RIZZOTTI, M.; ZANARDO, A. Axiomatization of Genetics I-Biological meaning. Journal of Theoretical Biology, 118: 61-71. 1986.

ROCHA, J.C.C.; SILVA, S.N. Oncogenética. In: Coelho FRG, Kowalski LP. Bases da Oncologia. 2. ed. São Paulo: TECMEDD; p. 423-32. 2003.

SANTOS, Jr., A. R; WADA. M. L. F., CARVALHO, H.F. Diferenciação celular in A Célula 2001. Organização Hernandes F. Carvalho - Shirlei M. Recco-Pimentel Editora Manole 287p. 2001.

SINGLETON, W. R. Elementary Genetics. D Van Nostrand Company,lnc. New York. 1962.

SINNOT, E. W., L. C. DUNN; T. DOBZHANSKY. Principles of Genetics. McGraw Hil Book Company Inc. Tokyo. 1958.

STEPHENS, P.R.S.; OLIVEIRA, M.B.S. C; RIBEIRO, F. C.; CARNEIRO, L.A.D. Conceitos e Métodos para a Formação de Profissionais em Laboratórios de Saúde. Virologia, capítulo 2. volume 1 / Organização de Etelcia Moraes Molinaro, Luzia Fatima Gonçalves Caputo e Maria Regina Reis Amendoeira. - Rio de Janeiro: EPSJV; IOC, 2009.

THÉRIAULT, G. Câncer ocupacional ε mecanismos carcinogênicos em BARRETO, M.L., et al. Epidemiologia, serviços e tecnologias em saúde [online]. Rio de Janeiro: Editora Fiocruz, 1998. 235 p. Epidemiológica series, n° 3. ISBN 85-85676-49-3.

TOKAREV, B. V. Pri metodologio de Ia scienco. Scienca Revuo, 28 (6): 199-214. 1977.

USHER, G. A dictionary of Botany. Constable & Company Ltd. London. 1966.

WALTER, H. E. Genetics. The Mac Millan Company. New York. 1938. 1938.

WILLIAM, M. B. Deducing the consequences of evolution: A mathematical model. Journal of Theoretical Biology, 29: 343-385. 1970.

WOODGER, J. H. Biology and language. Cambridge at the University Press. Great Britain. 1952.

Brasil 2019.
Revisão e diagramação
Nitobaruck@gmail.com.
Ivanildo S.Baracho.

www.ingramcontent.com/pod-product-compliance
Lightning Source LLC
Chambersburg PA
CBHW072210170526
45158CB00002BA/529